인생을 바꾸는 감성교육의 힘

마음을 그리는 아이 마음을 읽는 부모

인생을 바꾸는 감성교육의 힘

마음을 그리는 아이 마음을 읽는 부모

| 오민아 지음 |

매일경제신문사

차
례

1장
아이들에게 왜 미술이 중요할까?

2장
정답이 없는 미술교육이 답이다

3장
스스로 생각하는 아이로 자라게 하라

4장
오감을 통해 스스로 생각하는
아이로 키우는 방법

프
롤
로
그

　27년 동안 육아와 교육현장에서 경험하고 느꼈던 이야기를 시작
하려고 한다. 저자가 그동안 '꽃과 나무를 사랑하는 마음이 따뜻한
아이들'로 키우며 느꼈던 생각과 마음을 《마음을 그리는 아이 마음
을 읽는 부모》에 담았다. 무엇보다 아름다움을 느끼고 표현할 수 있
는 '감성교육의 비밀'과 '자녀 성공의 키(Key)는 아버지가 쥐고 있다'
라는 것과 '행복한 부모가 행복한 자녀를 키워낼 수 있다'라고 말하
고 싶다.

　나는 세 아들의 엄마다.
　지금도 인생에서 참 잘한 일은 사랑하는 남편을 만나서 귀한 선물

인 아들 셋을 키워온 일이다. 행복한 가정을 꿈꿔왔고, 그런 가정을 위해 노력했다. 시간이 흘러 아이들이 성인이 되고 보니, '지금 알고 있는 걸 그때도 알았더라면'이라는 시가 생각난다.

지나간 시간에 대해서 '좀 더 잘했더라면' 하는 아쉬움이 남는다. 그래도 '처음 엄마가 되어서… 처음 교사가 되어서…' 나름의 최선으로 잘해냈다고 생각한다.

먼저 아이들을 키워봤고, 유아교육현장에서 7세 아이들을 20년간 만났던 육아 선배로서 이제 막 아이를 키우기 시작한 부모들에게 '스스로 생각하는 아이로 키워라'라는 이야기를 들려주고 싶었다.

아들 셋을 키운다고 하면, 주변 어른들이 한결같이 "고생한다, 애쓴다, 집 안이 엉망이겠네"라며 걱정과 위로를 한다. 하지만 나는 나름의 육아법과 놀이로 아이들과 즐겁고 화목한 가정생활을 했다.

나는 꽃과 나무를 좋아한다. 그래서 아이들이 태어나기 전부터 식물들과 함께했고, 지금도 잘 자라고 있다. 식물도 자주 들여다보고 돌봐줘야 잘 자란다. 좋은 음악을 틀어주면 미소 짓는 것처럼 느껴지고, 더욱 잘 자란다.

부부가 사이가 좋지 않아 큰 소리가 나는 집안에서는 식물이 잘 자라지 못한다. 나는 신혼 때부터 키워온 식물들이 거실이나 베란다 정원에서 잘 자라는 모습을 보면 '화목한 가정에서 아이들을 잘 키워왔구나'라는 생각에 뿌듯하다. 지금은 성인으로 성장한 아들들이 "부모님, 존경합니다"라고 말하고 친구들 앞에서 자랑스럽게 여기며, 어릴 적의 에피소드를 이야기하는 모습에 감사하고 뿌듯하다.

우리 부부는 아이들이 어릴 때부터 놀이시간을 많이 가졌다. 물질의 우선순위보다는 행복의 가치를 우선으로 삼은 교육관이 있었기에 아이들이 잘 자랐다고 생각한다. 또한, 아이들에게 우리 부부가 반듯하게 생활하는 모습도 가정교육에 큰 도움이 되었다고 확신한다.

누구나 각자 개인의 내면에 아이들을 잘 키울 힘을 가지고 있다.

'흔들리지 않고 피는 꽃은 없다', '가지 많은 나무 바람 잘 날 없다'라는 말이 있다. 우리 아이들도 성장 과정에서 크고 작은 사건들이 있었다. 그럴 때가 부모의 지혜와 믿음이 필요한 시간이었다. 또한, 나 자신을 돌아보는 시간이기도 했다. 자녀교육에 문제가 생기면, 문제의 원인은 아이들이 아니라 부모 자신에게 있음을 아는 것이다.

자녀들을 훌륭하게 키우고 싶다면, 먼저 좋은 부모가 되어야 한다. 좋은 부모가 되려면, 주변에 흔들리지 않는 주관을 세우고 끊임없이 노력해야 한다. 내 아이를 바라보고 관찰하며 이해하는 것이 필요하다. 아이를 이끄는 것이 아니라 기다려주는 부모의 인내심과 한결같은 뒷모습이 아이들을 행복하게 자라게 한다.

부부가 서로 아끼고 존중하는 행복한 가정에서는 자연스럽게 자녀들이 건강하게 자란다. 또한, 부부가 '함께' 자녀교육을 해야만 아이들을 잘 키울 수가 있다. 그러한 부모의 사랑이 아이들을 올바르게 성장하게 한다. 부모의 사랑은 화목한 가정에서 비롯되고, 화목한 가정은 아버지의 사랑에서 나온다. 요즘 아버지의 육아와 교육의 참여가 적극적으로 바뀌게 된 것은 무척 반가운 일이다.

다시 한 번 강조하면, 아이들이 '꽃과 나무를 사랑하는 마음이 따듯한 아이'가 되기를 바라는 아들 셋 엄마의 감성 이야기로, 모든 교육의 기초가 되는 미술교육으로, 아이의 마음을 읽어주고 마음을 그리는 이야기를 풀어나가려고 한다.

아름다움을 느낄 수 있는 사람들이 좋은 관계를 맺으며 건강하게 성장할 수 있다. 인생에서 가장 중요한 시기는 0~7세다. 이 시기를 잘 보낸 아이들은 탄탄한 반석 위에 세운 집처럼 견고하고 흔들리지 않으며 자랄 수 있다. 아이들이 스스로 사랑받고 있다는 사실을 깨달아야 올바른 길로 안내할 수도 있다. 그래서 우리는 끊임없이 배우고 공부해야 한다.

스스로 생각하는 아이가 세상의 주인공이 된다. 아이에게 스스로 생각하는 힘을 길러주려면, 아이를 존중해주는 것이 우선이다. 스스로 생각하는 아이 뒤에는 기다려주는 부모가 있다는 것을 반드시 기억해야 한다.

지난 3년간 생각지도 못한 코로나 팬데믹 시대를 겪으면서 여러 가지 생각이 들었다. 무엇보다 빠른 속도로 변해가는 사회에서 정말 중요한 것은 따뜻한 인성을 키워주는 '감성교육'이라는 것을 깨닫게 된다. 이 책으로 '감성교육의 힘'을 나눌 수 있기를 바란다.

《마음을 그리는 아이 마음을 읽는 부모》를 준비하면서 알게 된 모든 분께 감사드린다. 특히, 글 쓰는 동안 밤낮이 바뀐 생활을 이해하고 격려해준 영원한 내 편인 남편 김종희 씨에게 감사드린다. 또, 멀리 떨어져 있지만, 책을 쓴다는 소식에 축하와 응원을 해준 세 아들(김주성, 김주형, 김주빈)의 편지글은 내게 큰 힘이 되었다. 끝으로 책을 쓰고 만드는 데 도움을 준 한책협과 출판사 관계자분들께 감사를 전한다.

햇빛이 찬란하게 비추는 집에서

오민아

난 고집 센 남자다. 세 아들을 키우는 과정에서 유아교육 전문가인 아내보다 내 고집, 경험, 감정을 앞세웠다. 어쩌면 아내는 아들 셋을 양육하는 것보다 아빠 경험이 없는 나를 대하는 일이 더 힘들었을 수 있다. 시간이 흐르고 장성한 세 아들을 보면서 나는 '더 많이 사랑하고, 더 깊이 듣고, 좀 더 세심하게 봤더라면' 하고 한없이 후회한다.

　아내와 자식 자랑은 팔불출이라 한다. 하지만 몇 개월을 밤새워 자신의 삶을 정리한 아내의 어깨를 토닥이고 싶다.
　"수고 많았어."
　지금 나는 팔불출이다. 세 아들을 양육하고 한 남자의 삶을 풍성하게 해준 아내를 자랑하고 싶다.

'이 사람의 삶은 배울 게 참 많다. 꾸준하고 순수하다. 아이들을 고집스럽게 사랑한다. 철학이 있는 유아교육 전문가다. 손이 많이 가고 마음을 견뎌야 하는 일에 충실하다.'

내 아이가 세상을 아름답게 보고, 삶을 행복하게 누리길 원하는 모든 부모들에게 가장 가까이에서 지켜본 증인으로서 이 사람의 삶을 추천한다.

팔불출이 되어 아내를 응원하는 남편
김종희

엄마는 무엇이든지 잘한다. 그리고 나를 아낌없이 사랑해준다. 어려서부터 내가 먹고 싶다는 것이 있으면, 엄마는 어떤 음식이든지 맛있게 잘 만들어주고, 그림을 그려 달라고 하면 뭐든 잘 그려주셨다. 나는 그러한 엄마의 모습을 보면서 '우리 엄마는 못 하는 것이 없는 사람이다'라고 생각했다. 특히, 어린 시절 엄마가 그려준 만화 캐릭터를 보며 '엄마는 그림을 정말 잘 그리는구나!'라고 생각했다. 내가 엄마에게 손재주를 물려받아 그림 그리기를 좋아하고 잘 그리는 듯해 고맙다.

나는 어렸을 때부터 엄마가 직장에 다니며 일하는 모습을 보면서 자랐다. 그러다 엄마가 교사직을 그만둔다고 했을 때, 앞으로 엄마가 무엇을 할지 궁금했다. 반면에 집에 가면 엄마가 있다는 게 너무나 행복하고 좋았다. 그동안 엄마는 우리를 위해 많은 시간을 밖에서 일하면서 보냈다. 또다시 시작된 엄마의 공방 일은 힘들더라도 엄마가 정말 좋아하는 것을 하고 있다는 생각이 들어서 걱정되지 않는다.

엄마가 좋아하는 일을 하며 지내는 모습을 보니 나도 좋아하는 일을 하며 인생을 살아보고 싶은 마음이 든다. 엄마가 그런 모습을 보여줘서 내게도 힘이 되고, 앞으로도 좋은 일이 많이 생길 것 같다. 엄마가 멋있고 자랑스럽다.

성남에서 엄마의 막내아들

안녕, 엄마!

정말 오랜만에 글로 내 마음을 전달하려니 살짝 어색하기도 하고 민망한 기분이야. 그래도 이렇게 내 진심을 전할 수 있어서 감사하고 기쁘다.

내게 엄마는 정말 말이 잘 통하는 절친이야. 내가 생각하고 경험하는 모든 것을 공유하고 싶어. 그만큼 나와 엄마의 관계가 가깝고 깊다고 생각해.

그동안 많은 일이 있었고 모든 날이 내겐 잊지 못할 순간들이야.

특히, 2019년 3월 봄. 너무나도 생생한데 벌써 3년 전이네. 국방의 의무를 다하기 위해 머리를 밀고 입영하는 순간까지 엄마와 함께했었지. 그날 아침에 나는 괜히 엄마한테 짜증만 냈었어. 걱정과 불안 속에서 입영하고 일주일쯤 지났을 무렵에 너무 신기한 일이 벌어졌어. 그건 바로 엄마 얼굴을 볼 수 있었던 거야.

그날은 교회 가는 날이었어. 훈련으로 피곤한 몸을 이끌고 겨우 자리에 앉아서 눈만 끔뻑이던 그때, 귀에 익은 목소리가 들려 앞을 봤더니 커다란 화면에서 엄마가 반갑게 인사해줬어. "하나님의 형상~ 김, 주, 형!" 울음과 웃음이 섞인 표정으로 영상편지를 보냈던 엄마.

입영 전에 엄마에게 투정과 짜증을 부려 너무나 미안했던 마음과 말로 표현하기 어려운 감정들로 눈에서는 눈물이 멈추지 않았어. 뜨거웠던 그때의 눈물로 군대에서 힘든 시간들을 이겨냈어. 예상치 못한 방법으로 나를 뜨겁게 응원해주고, 사랑하는 마음을 아낌없이 표현해줬기에 지금도 '엄마' 하면 첫 번째로 떠오르는 기억이야. 지금도 그때를 생각하면 가슴이 뜨거워져.

든든한 지원군이 되었던 우리 엄마, 아빠!

전역 전, 코로나 때문에 휴가도 못 나가고 나아질 기미가 보이질 않았지. 그동안 밀려있던 휴가 일수만큼 전역하는 날이 앞으로 다가왔고, 오지 않는다고 생각했던 그 날이 되었어.

보고 싶은 가족들과 친구들을 만난다는 기쁨과 군대에 있는 동안 내가 준비하고 계획했던 것을 펼칠 수 있다는 설레는 마음으로 집으로 돌아왔어. 너무 행복했어.

군대에 있을 때, 내가 하고 싶고 좋아하는 일을 하기 위해서 서울로 가야 하는 목표를 계획했고, 그 계획을 맥줏집에서 엄마 아빠와 나누게 되었지. 그 시간을 잊지 못할 거야. 나는 그때까지 엄마와 아빠의 마음을 몰랐기에 말을 꺼내기 어려웠어.

'어떻게 말을 꺼내야 할까? 어떻게 해야 나를 믿고 응원해주실까? 내가 휴학하고 서울에서 혼자 살며 좋아하는 것을 찾아본다는 걸 반대하진 않을까?'

별별 생각을 하며 용기 내서 얘기를 꺼냈지. 그런데 돌아왔던 대답은 "언제나 너를 믿는다"라는 확신과 사랑이었어. 대가 없는 사랑을 진심으로 깨달은 나는 무엇도 두렵지 않아. 가장 큰 지원군이자 사랑하는 부모님이 있으니까.

나는 다시 태어나도 우리 엄마, 아빠의 둘째 아들로 태어날 거야.

어린이집부터 유치원, 학교에 다닐 때도 나는 집에 돌아오면, 엄마에게 조잘조잘 오늘 있었던 일을 얘기하며 내가 느꼈던 생각이나 경험들을 늘어놓곤 했지. 그때마다 엄마는 전혀 피곤해하거나 귀찮아하지 않고, 내게 관심을 두고 들어줬어. 그리고 항상 내가 듣기 쉬운 말로 조언해주거나 깨달음을 줬지.

지금 내가 서울에서 살아가며 몸과 마음이 흔들릴 때마다 큰 힘이 되고 있어. 그런 엄마를 기억하고 잊지 않으려 해. 나도 엄마에게 그렇게 될 수 있도록 노력할 거고. 앞으로도 우리 같이 행복해지자.

엄마, 아빠가 나의 엄마, 아빠여서 정말 감사하고 사랑해.

따뜻한 봄날 서울에서 둘째 아들

저는 대한민국에서 나름의 굴곡이 많은 10대와 20대를 보냈습니다. 그 시간을 보내면서 배움도 있고 성장도 있었습니다. 인생의 시간을 보내면서 '선택과 결정'이라는 일이 생길 때마다 부모님이 전적으로 믿어주고 이해해준 덕분에 지금까지 잘 성장할 수 있었습니다.

어렸을 때도 엄마에게 큰 소리로 야단맞은 기억이 없습니다. 내가 잘못하고 혼날만한 일도 많았습니다. 하지만 엄마는 큰 소리가 아니라 작은 소리로 나를 이해하고 용기를 더해줬던 기억이 더 강합니다. 잘못했을 때도 체벌보다는 안아주고 이해해주는 시간들로 저는 '부모님의 사랑'을 느낄 수 있었습니다.

'이해할 수 없는 일이 부모라면 생기는 것인가?'라는 의문도 들었습니다. 하지만 사춘기의 마음이 어려웠던 그 시간을 정말 사랑으로 세밀하게 챙겨주는 어머니와 아버지의 모습을 보면서 '난 오늘도 사랑을 받고 있구나. 이 시간이 너무 행복하다'라고 느꼈습니다. 제 인생의 선택을 올바르게 만들어주는 어머니를 존경합니다. 나 또한 한 가정을 꾸렸을 때 자식을 믿고 선택을 잘할 수 있게 해야겠다는 마음이 듭니다.

"그러한 어머니를 존경합니다."

한 가정의 어머니이자 삼 형제를 아주 잘 키워주신 제 어머니의 이야기가 담긴 책을 아이를 키우는 부모님들께 추천하고 싶습니다. 이 책으로 많은 부모님이 도움받을 수 있기를 바랍니다.

전주에서 큰아들

1

아이들에게
왜 미술이 중요할까?

01
아이들에게 왜 미술이 중요할까?

스위스의 교육자 페스탈로치(Johann Heinrich Pestalozzi)는 "미술은 모든 교육의 기초다. 어려서부터 미술교육을 받은 아이는 생각하는 법을 안다"라고 말한다.

나는 어렸을 때 부모님을 졸라 미술학원에 다녔다. 친구들과 골목에서 숨바꼭질이나 고무줄놀이를 하면서 신나게 놀던 1980년대였다. 사교육은 거의 없었고 친구들과 노는 게 대부분 아이들의 방과 후 일과였다.

초등학교 저학년이던 나는 미술학원에 보내달라고 떼를 썼지만, 형편이 넉넉하지 않았던 우리 집에서 쉽게 허락하지 않았다. 며칠 동안 부모님을 졸라서 제주의 명동이라고 불리던 칠성통거리에 자리하던 미술학원에 간신히 찾아갔다.

미술학원의 다른 부잣집 아이들은 물감과 팔레트를 가지고 그림을 그렸다. 나는 그림 그리는 데 필요한 준비물도 제대로 갖추지 못해 그 아이들을 부러운 눈으로 바라봤던 기억도 난다. 하지만 그것보다도 더 생생하고 신선한 충격으로 남아있는 기억은 바로 선생님의 이야기였다.

"왜 사람의 얼굴색이 다 똑같죠?"

"사람이 햇볕에 타거나 술에 취하면, 얼굴색은 빨강이 될 수도 있어요. 추울 땐 얼굴색이 보라가 되기도 해요"라고 했던 선생님의 목소리가 아직도 귀에 선하다.

그때의 기억으로 나는 유치원교사 시절에 반 아이들에게 사람의 얼굴색은 다양한 이유로 서로 다르기에 살색이라는 단어 대신 연한 주황색이라고 가르쳐줬다. 그러던 중 반가운 소식이 들렸다. 2000년대까지도 크레파스에 살색이라고 표기됐는데, 2019년부터는 알기 쉬운 한글 이름으로 많이 바뀌게 됐다. 그중 연한 주황색은 살구색으로 바뀌었다.

　나는 하늘의 불꽃놀이를 쳐다보는 모습을 그릴 때, '사람이 하늘을 쳐다보는 모습을 그릴 때, 왜 시커먼 뒷머리만 그릴까?'라고 생각했고, 이 모습을 얼굴과 머리카락으로 표현해 그림을 그렸다.

　당시 창의적인 표현이라는 칭찬을 받았고, 학교대표로 참가했던 한라문화재(현, 탐라문화재)에서 상을 받았다.

　나의 어린 시절 선생님은 남다른 생각을 가르쳐줬다.　바로 '그림을 그릴 때 자신이 중요하게 생각하는 것을 크게 표현하라'였다. 이 가르침은 아직도 내 기억에 남아있다.

　어려서 경험한 미술교육이 나의 삶 속에서 미적 감각이 넘치는 생활을 할 수 있는 바탕이 됐다. 또한,　대안을 찾고 문제해결을 할 때 새로운 방식과 방향으로 시도하도록 두뇌가 훈련되는 것을 깨달았다.

그래서 나는 '미술은 모든 교육의 기초가 되고, 어려서 미술교육을 받은 아이가 생각하는 법을 안다'라는 페스탈로치의 말에 공감한다.

미술은 인지발달의 시작이 된다. 인간이 태어나는 순간부터라고 해도 과언이 아니다. 왜냐하면, 태어나는 순간부터 청각과 후각이 발달하고 시각적인 형태와 자극에 엄청난 반응을 하면서 자라나기 때문이다. 이런 자극으로 '기억'을 만들고, 그 자극들이 다양하고 많은 뇌세포를 만들게 된다. 자극이나 감정, 기억들을 뇌세포에 저장한 아이들은 사고하기 시작하면서 표현하는 욕구가 많아지게 된다.

아이들이 창의적이고 다양한 표현력을 가지기를 원한다면, 부모가 먼저 깨어있는 시각과 생각을 가져야 한다. 그래서 나는 아이들을 키울 때 위험하지 않으면 대부분의 상황에서 내버려뒀다.

예를 들어, 둘째 아이는 생후 6개월 무렵에 유난히 새로운 것을 탐색하며 뭐든 혀로 먼저 가져갔다. 보통은 "지지"라고 하며 제지하는 것이 대부분 부모들의 행동이다. 하지만 나는 이때 뭔가 입에 넣을 때 목 안으로 넘어갈 크기가 아니면 탐색하게 그냥 뒀다. 그리고 첫째 아들이 싱크대 문을 열어 탐색할 때는 미리 깨지거나 무거운 조리도구를 상부장으로 올려두고 하부장에는 플라스틱이나 깨지지 않는 것들로 채워서 관찰하고 탐색하도록 했다.

그리고 수경재배식물과 꽃 화분을 두고 키우면서 거실과 방 안 곳곳을 감성적인 공간으로 꾸몄다.

신체적으로 세밀한 부분인 손끝, 발끝, 혀 등의 근육 발달이 뇌세포와 인지적인 사고능력에 아주 중요한 역할을 한다는 것은 누구나 아는 것이다.

경험해보는 기회를 제공해주는 것이야말로 굉장히 중요한 자극을 주는 것이다. 그런데 아기들이 걷고 뛰기 시작하면 많은 부모들이 나의 아이가 넘어질까, 다칠까 걱정해서 안아주거나 뛰지 못하게 기회를 가져가 버린다. 혹시 내가 그런 부모는 아니었는지 돌아보기를 바란다.

인지발달은 태어나면서부터 시작된다. 모든 교육의 기초가 되는 미술은 감각을 체험하면서 시작된다. 그러므로 감각교육을 경험할 수 있는 미술이 아이들에게는 매우 중요하다.

아이들에게 미술이 중요한 또 다른 이유가 있다. 자기 생각을 그림으로 표현하는 동안 머릿속의 생각을 확장시켜 표출하면서 기쁨을 느낄 수 있고, 상상력과 창의력이 길러지기 때문이다.

미국 아마존에서 베스트셀러 1위를 하고 지금도 사랑받는 미술놀이 책을 쓴 진반트 헐(Jean Van't Hul)은 다음과 같이 미술의 중요성을 강조했다.

'교육자들은 미술이 아이들의 소 근육 운동, 신경발달, 문제해결능력에 도움이 되고 읽기, 쓰기, 수학, 과학 등의 주요과목을 가르치고 이해하는 데 효과적인 도구로 쓰일 수 있다고 말한다.

심리치료사들은 아이들이 미술을 통해 자기 세상을 받아들이고, 두려운 감정들을 안전한 방식으로 처리할 수 있으며, 감각적인 자극을 받기 때문에 좋다고 말한다.

예술가들은 미술이 시각적인 아름다움과 표현의 원천이자 창작 과정 그 자체로 의미가 있다고 말한다.

부모들은 온 가족이 즐겁게 참여할 수 있고 가끔은 하나의 일과를 정리하고 다음 일과로 무사히 넘어가는 데 도움이 되기 때문에 미술이 없어서는 안 된다고 말한다. 미술은 개인과 조직과 사회가 성공하는 데 가장 중요한 요소로서 점점 더 각광받고 있는 창의력과 떼려야 뗄 수 없는 관계다.'

이처럼 아이들에게 미술교육은 대단한 힘이 있다. 교사, 부모, 아이들이 함께 마음이 맞고 생각이 일치할 때 아이들에게는 폭넓은 생각과 창작활동의 장을 제공해줄 수 있다. 그러므로 나는 미술교육을 통해 진정으로 바라는 것은 표현해내는 기술이 아니라 스스로 생각하고 자신감 있게 표현할 줄 아는 아이로 자라기를 원하는 것이다.

02
아이와 부모를 바꾸는 미술의 감성

엄마가 아이의 마음을 읽어준다면 아이의 마음은 어떨까?

아이들은 끊임없이 말과 행동으로 자신이 원하는 것과 두려운 것을 표현한다. 하지만 대부분의 부모들은 어른의 눈높이에서 바라보기 때문에 아이들의 표현을 이해하고 읽어내기가 어렵다.

아이의 진심을 알아주는 것에 대해 《세상에서 가장 힘든 협상》에서 잘 설명하고 있다.

'아이가 무엇을 생각하는지 이해한다면 아이의 마음을 바꾸고 논쟁을 피할 기회가 생긴다'라고 했다. 이해하기 위해서 듣는 듣기는 지금 하던 일을 멈추고, 마음을 담아 아이의 눈을 쳐다보며 아이가 말하는 것에 집중한다는 뜻이다. 아이가 말을 하는 것 중간에 꼬투리를 잡거나 가위로 종이를 자르듯 잘라서도 안 된다는 의미다. 아이의 진심을 알아주기 위해 눈과 귀를 아이에게 온전히 기울여야 한다.

유아교육기관의 교사로 근무하던 시절에 있었던 일이다. 옆 반의 5세인 남자아이 H가 다른 아이의 얼굴을 손톱으로 할퀴어버리는 일이 종종 일어나고 있었다. 그래서 담임교사는 매우 당황하고 난처해 했었고, H가 6세 때 우리 반이 됐다. H를 자세히 관찰해보니, 말이 늦고 성격이 급해서 다툼이 생겼던 일이다. 본인이 좋아하는 장난감을 갖고 놀지 못하거나 좋아하는 놀이에 참여하지 못할 때 다툼이 일어났고, 내가 중재에 나섰다. 친구들과 놀이하고 싶어 하는 H의 마음을 읽어주고 친구들에게 알려줬더니 H의 환한 미소와 함께 다른 친구들을 손톱으로 할퀴거나 다투는 일이 거의 사라졌다.

이렇듯 아이들은 자기 마음을 읽어주면, 얼마 지나지 않아 건강하게 변한다.

마음을 알아주고 이해하는 도구로 미술놀이는 아이가 자기 마음을 자연스럽게 표현할 수 있고 아이의 눈높이에 맞춰 교감할 좋은 기회다. 어려서, 표현이 서툴러서, 심지어 자신이 무엇을 원하고 바라는지 잘 몰라서 마음을 전달할 수 없었던 것들을 그림으로 표현한다.

H도 나무를 그림으로 그려서 마음과 정서를 표현했다. "이 나무는 친구가 필요해요. 친구가 찾아오면 좋겠어요"라며 자연스럽게 나무에게 자기 감정을 이입해 표현해 적절한 도움을 주고받을 수 있게 됐다.

지금은 중학생이 된 H의 어머니가 나의 미술공방에 캘리그라피 수업을 받기 위해 찾아오셨다. 오랜만에 만난 어머니는 H가 중학교에 진학해 잘 지내고 있다고 근황을 들려줘서 무척 반가웠다. 글씨를 쓰며 수업을 진행되는 중, H의 어머니는 H의 동생들로 일어나는 육아의 고충을 털어놓으면서 도움을 청했다.
"H의 여동생이 자꾸 오빠를 무시해요. 어쩌면 좋아요?"
"남편과 교육철학이 달라서 힘들어요."

지난해 추운 겨울날 찾아왔던 H의 어머니에게 따뜻한 차를 대접하며 마음을 다해 이야기를 경청했던 시간이었다. 미술의 한 영역인 캘리그라피 수업을 받으며 마음을 나누고 웃음 짓는 좋은 시간이었다. 아이와 부모를 바꿀 수 있는 미술의 감성을 경험하는 시간이 됐다.
일본에 '코이'라는 물고기가 있다. 우리나라에서는 비단잉어라고 부른다. 이 물고기는 신기하게도 작은 어항에서 키우면 5~8cm 정도 자라고, 큰 수족관이나 호수에서 자라면 15~30cm 정도 자란다. 그리고 강에 방류하면 90~120cm 정도 자라게 된다. 이렇듯 자라는 환경에 따라 물고기의 크기가 달라진다.

우리 아이들도 어떤 환경에서 자라는지에 따라서 달라질 수 있다. '우리는 아이들을 작은 어항에 가둬두고 커지기를 바라는 건 아닐까? 부모로서 교사로서 어떤 환경의 어른인가?'를 생각해본다.

미술공방 앞 정원에 부레옥잠을 키운다. 깊고 넓은 항아리, 항아리뚜껑 그리고 작은 그릇에다 키웠다.

항아리가 깊고 넓은 곳에서 자라는 부레옥잠은 뿌리를 길게 내려서 보랏빛의 예쁜 꽃을 피워냈다. 반면 작은 그릇에 담긴 부레옥잠은 작고 귀여운 잎과 짧은 뿌리를 만들었다.

부레옥잠이 담겨있는 그릇의 크기에 따라 똑같은 부레옥잠을 키웠는데 너무나 다른 모습으로 성장하는 모습을 보게 됐다.

미술공방에 오가는 아이들의 부모님들께 나는 질문한다. "우리는 아이들에게 어떤 환경을 제공하는가?"

그리고 그것에 대해 함께 이야기 나눈다.

"미술의 감성이 부모의 마음을 바꾸고, 아이들의 마음을 바꿀 수 있다. 거기에 더해 우리가 아이들과 어떻게 대화하는지에 따라서 아이들의 마음과 생각이 자라는 데 도움이 되기도 하고 방해가 되기도 한다"라고 말이다.

그래서 내가 운영하는 '민아캘리아트공방'에서는 아이들은 여러 가지 기법과 재료를 탐색하며 그리기와 만들기, 생태미술, 창의미술, 요리 활동, 생태야외수업시간으로 미술적 감성에 도움을 준다.

부모 대상으로는 인간관계와 사회생활에서의 스트레스를 풀 수 있는 프로그램 '감성 캘리그라피' 프로그램을 운영한다. 이 시간으로 작은 것을 마주하는 시선을 가질 수 있게 돕는 것이다. 나는 작은 것들이 주는 위로의 힘에 대해 믿음이 있다. 계절에 따라 피고 지는 꽃에 관심을 갖고 이름을 불러주는 일, 비 온 뒤 고여있는 웅덩이에 비친 하늘 모습을 바라보는 일, 고개를 숙이고 땅을 쳐다봐야 보이는 작은 꽃, 시멘트 틈을 비집고 피어나는 생명력 강한 풀 등등이 주는 위로로 손 글씨를 쓰는 동안 마음이 안정적으로 변하고 치유되는 시간이 되도록 캘리그라피 수업을 진행하고 있다.

우리의 생각이 변하면, 우리 입술에서 나가는 말에 변화가 온다. 말이 변하면 행동과 습관이 변화되고, 행동과 습관이 변하면 우리의 미래가 변하고 삶이 변화된다. 이렇듯 말은 무척 중요하다.

그래서 수업을 진행할 때 힘들어서 온 아이들에게는 "쉽지 않았을 텐데"라며 격려해주고, 친구에게 나눠주거나 양보할 때는 "네가 친구와 나눠 쓰는 것을 봤어. 참 좋아 보이더구나. 삶은 함께 나눌 때 훨씬 더 쉬워지거든"이라고 칭찬해준다.

무엇보다도 중요하게 여기며 수업을 진행하는 것은 아이들의 마음을 점검하는 일이다.

아이들이 미술공방에 도착했을 때 기분과 마음의 에너지를 체크하며 따뜻한 차 한 잔을 하는 것으로 시작한다.

그리고 수업을 진행하고 활동이 마무리될 때도 기분과 마음의 에너지를 체크하는 것으로 수업을 정리한다. 다행스럽게도 시작할 때 여러 가지 이유(졸리거나 지치거나 무료하거나 배고프거나 등등)로 에너지가 바닥이어도 미술 활동을 하면서 에너지가 회복된다.

미술이라는 매체는 아이들의 다양한 감정을 탐색하고 인식할 수 있게 도와준다.

그림은 기분 좋을 때 그리면

더 기분이 좋다. 슬플 때 그리면 슬픈 기분이 사라진다. 화가 날 때 그리면 화가 풀린다. 그리고 감정을 조절하고 적절하게 표현할 수 있게 돕는다.

03
글씨보다 그림이 먼저다

주위를 둘러보면 어린아이들을 키우는 부모라면 너나없이 아이들 교육에 정성을 쏟는다. 특히, 문화센터 강좌(이하 문센)에는 아이가 돌 무렵이면 더욱더 관심을 기울이며 문센 수업을 받는 젊은 엄마들이 많다.

엄마들의 관심사인 '오감'이 뭘까?

'오감'은 아기가 세상에 태어나서 외부의 정보를 얻을 때 필요한 중요한 감각기능이다. 아이들은 듣고 보고 만지고 탐색하면서 정보를 쌓아간다. 이때의 체험과 경험이 유아기에 중요하다. 그 이유는 아이가 자라면서 표현력을 결정하고 인지적인 뇌 발달이 적기이기 때문이다. 요즘 강조하는 자신만의 '콘텐츠'가 쌓여가고 만들어지기 때문에 대부분의 엄마들은 촉각과 시각을 강조하는 교육 자료와 프로그램에 관심을 갖는다.

나도 첫 아이가 태어났을 때 성산포에 살면서 1시간 정도 거리에 있는 제주시의 문화센터에 다녔다. 외출복을 입히고 아기 띠를 매고 기저귀, 물, 간식, 물티슈 등등을 챙겨서 문화센터에 다녀왔다. 그때, 시외버스를 타고 제주시에 있는 문화센터까지 다녀오고 나면 진이 다 빠지기 일쑤였다. 지금 생각해보면 아이를 위하는 일보다는 결혼하면서 직장을 그만두고 육아에 전념하고 있는 나에게 보상과 위로를 줬던 시간이었다.

오감을 발달시키는 자극이 영유아시기에 매우 중요하다. 이는 특정 교육으로 이뤄지는 것이 아니라 자연스러운 생활에서 이뤄진다. 이 사실을 깨달으면서 문화센터에 가는 일을 멈추게 됐다.

나는 아이들에게 접할 수 있는 소리와 냄새, 빛, 언어, 촉감 등으로 오감을 느낄 수 있게 제공했다. 집에서의 오감 자극은 일상적이면서 자주 쉽게 일어나게 했고, 시간을 넉넉히 갖고 시작했다.

아이의 손이 쉽게 닿는 주방의 하부장 문은 아이가 맘껏 열 수 있게 잠금장치를 하지 않았다. 그리고 가지고 놀 수 있는 냄비와 그릇 등으로 채워놓고 언제든지 가지고 탐색할 수 있게 했다. 그랬더니 한 개씩 꺼내 두들기기고 하고 쌓기도 하며 놀이했다. 빨래를 널고 있을 때는 아이가 "엄마, 주세요~" 하며 내게 빨래집게를 쥐여주는 놀이로 진행했고, 빨래를 들일 때는 수건을 같이 개기도 하고 소근육 놀이를 할 수 있게 빨래집게를 분유통에 담아두기도 했다. 그러면 빨래집게를 가지고 집게놀이도 하고 분유통을 두들기는 놀이로 확장되기도 했다.

여기에서 중요한 것은 엄마가 아이에게 활동의 끝과 시간을 정하지 않는 것이다. 아이들이 원할 때면 언제나 자극활동을 할 수 있도록 시간의 여유를 둬야 한다.

가끔은 욕실에서 마음껏 그림을 그릴 수 있게 물감과 팔레트를 준비해서 놀이를 즐기다가 목욕시간으로 이어질 수 있게 했다. 이렇듯 일상생활에서 놀이를 함께하는 시간을 가졌다.

특별한 프로그램에 참여하는 것이 아니라 일상생활에서 함께할 수 있는 것들을 찾아 경험하는 것이 중요하다. 그래서 식사 시간에는 요리 재료들을 만지거나 색을 보거나 냄새를 맡아보게 하고 직접 썰어보게도 하면서 감각을 익히게 했다.

큰아이는 그래서인지 6~7세 무렵에는 식당에 가면 고기를 구울 때 직접 고기를 자르려 했고, 식사시간에 숟가락과 젓가락을 놓는 것은 부탁하지 않아도 스스로 했다.

 아이가 감각을 익힐 때는 유리 그릇을 깰
까 두렵다고 플라스틱 그릇만 접하게 하면
안 된다. 나는 깨지는 물건에 대한 촉감과
느낌, 집중해야 하는 몬테소리의 철학을 만
나면서 '그래, 지금까지 잘하고 있었구나' 하는 안도감과 함께 좀 더
체계적인 감각훈련 프로그램으로 아이들을 키우고 가르치는 일에
기쁨과 열정이 가득해졌다.

나는 큰아이가 7세 무렵 유아교육기관에 근무했다. 이때 '몬테소
리' 교육프로그램을 접하고 "와우! 이거야~~!"라며 책임지는 자유를
제공하는 철학과 방법을 공부했고, 부모이자 교사로 성장하는 계기
가 됐다.

몬테소리 프로그램은 안전한 환경을 만들어주고 한 발짝 물러나
서 아이가 스스로 감각을 자극하고 발달시키는 것을 지켜본다. 이
철학은 지금까지 내가 해왔던 시간을 인정받고 좀 더 발전적으로 나

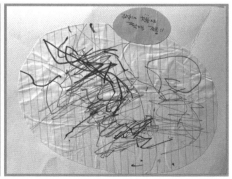

아갈 수 있게 했다.

아이들은 모든 것에 호기심이 많아서 관찰하고 탐색하는 것을 즐기고 좋아한다. 생후 몇 개월부터라고 정확하게 말할 수는 없지만, 쓰기 도구를 잡는 순간에는 무언가를 그리고 싶어 한다.

큰아이는 생후 10개월 무렵쯤 손에 쥘 힘이 생기자 끄적거리기 시작했다. 큰아이처럼 아이가 손에 힘이 생기기 시작하면, 처음 보는 크레용이나 연필을 입으로 가져갈지도 모른다. 하지만, '맛이 없어', '먹는 것이 아니구나'라고 생각이 들면 그리는 것에만 사용할 것이다. 그러니 크레용을 손에 쥐고 낙서할 기회와 경험을 충분히 제공하면 좋다.

아이들이 낙서로 충분한 시간을 갖는다면 손에 힘이 생겨서 그림 그리는 시간을 즐길 것이다. 정해진 장소, 정해진 시간이 아니라 아이들이 원할 때를 놓치지 않아야 한다.

그리고 물감, 수성펜, 분필, 연필 등등 다양한 재료를 준비해서 중요한 탐색과 경험의 기회를 제공한다면, 아이들은 많은 것을 느끼고 스스로 배우게 된다.

맑은 날이나 비가 오거나 바람이 불고 눈이 올 때도 함께 산책하면서 아이가 계절감을 느낄 수 있게 해주며 감각을 발달시키는 것이 좋다. 그런 후 기분과 감정을 표현해 그림 그리기를 할 수 있도록 재료를 준비해주면, 훨씬 더 자기의 생각과 감정을 그림으로 표현해낼 수 있다.

요즘 수업시간에 만나는 6세 아이들 중에 손가락에 힘이 없는 아이들이 종종 있다. 클레이를 서툴게 만지는 모습을 볼 때 안타깝다. 좀 더 감각이 발달할 수 있는 기회를 제공하면 쓰기에 폭발적인 시기를 잘 지낼 수 있을 텐데….

내 이름과 단어를 먼저 쓰는 것보다는 충분히 감각기능을 발달시키는 환경을 제공해서 그림을 그리는 기회와 경험을 하도록 해주는 것이 필요하다. 언제 어디서나 낙서를 즐길 수 있는 그림의 경험이 글씨보다 먼저다.

어린아이들은 말을 통한 표현수단보다 자연스럽게 자신을 표현하는 그림이 가장 좋은 언어다. 그래서 아이들은 자기 느낌과 생각을 손에 무언가를 잡고 긁적거리면서 표현한다. 그러기에 아이들의 상상력이 활발한 시기에 적절한 자극으로 잠재력을 완전히 발현하도록 도와서 미래의 삶을 준비시켜야 한다.

04
유아발달단계에 맞는 교육

"아이의 '민감기'라는 말을 들어본 적이 있나요?"

아마도 많은 사람이 생소하게 느껴지는 단어라는 생각이 든다. 나도 '민감기'보다 '결정적 시기'라는 말이 친숙했다. '민감기'는 몬테소리교육을 공부하면서 접하게 된 단어다. 몬테소리에서 말하는 민감기는 '특정한 시기에 특정 행동을 발달시키기 위해 특정 자극에 매우 예민한 시기'를 말한다.

부모의 역할은 민감기 동안에 나타나는 특정한 자극에 반응하는 시기를 잘 알아차려서 그 시기에 맞는 환경과 적절한 자극을 제공하는 것이다. 유아가 민감기 동안에 나타내는 특정한 과제를 흥미에 따라 생활하지 못하면, 그런 자연스러운 학습의 시기를 영원히 놓칠 수 있다. 그러면 더욱더 의식적인 노력이 필요하게 된다. 민감기가 나타나는 시기는 아이마다 다르지만 공통된 민감기를 알면 적절한 도움과 환경을 제공할 수 있다.

첫째, 질서와 구조화된 환경에 대한 관심을 갖는 시기(0~18개월, 6세까지 지속)다.

어린 유아들에게 질서란 물건이 제자리에 있는 것이다. 그래서 정신발달에 좋은 환경이란 눈을 감고 손만 내밀어도 자기가 원하는 물건을 찾을 수 있는 그런 환경이어야 한다. 그런데 첫아이를 키울 때는 살림 사는 재미로 계절의 변화에 따라서 피아노, 냉장고, 가구들의 배치와 소품의 위치를 자주 바꿨다. 몬테소리에서 말하는 민감기를 떠올려보면 괜히 미안하고 부끄러운 시간이었다.

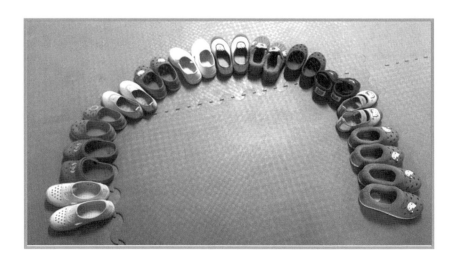

질서에 민감한 시기의 아이들이 실내놀이터에 들어가기 전에 나란히 벗어놓은 신발이다. 간혹, 이 시기의 아이들이 자기들이 좋아하는 장남감을 줄 세워놓는 것을 관찰할 수 있다. 이는 '질서의 민감기'이기 때문이다.

둘째, 신체적인 동작을 연습하는 시기(12~18개월)다.

걷기, 기어오르기 등 신체적인 동작을 연습할 시기가 오면 반복적으로 연습한다. 이때는 위험한 상황만 아니면 충분히 신체적인 동작을 반복해 연습하도록 격려해야 한다. 16개월이 되어도 걷지 않았던 셋째아들을 주변 어른들이 걱정했다.

그러나 아이마다 민감기의 시기가 다르게 나타나는 것을 알고 나서는 편안한 마음으로 대했다. 곧 걷기 시작한 셋째아들은 반복적으로 연습하더니 세 돌이 지났을 때는 어승생악 오름을 어른들의 도움 없이 스스로 올랐다. 그 후 남다른 운동신경을 보이더니 지금은 성남시청 소속의 실업팀 테니스 선수로 활동하고 있다.

셋째, 작은 것에 관심 갖는 시기(18개월~4세)다.

주변 사물이나 환경에 관심을 갖는 시기가 있다. 이 시기의 아이들은 길을 가다가도 개미를 보면 한동안 눈을 떼지 못하고 쳐다보거나 풀숲에 들어있는 작은 돌멩이도 찾아낸다. 유난히 작은 것을 좋아하고 예리하게 관찰한다.

18개월에서 3세까지는 손 사용의 민감기다. 이때, 손으로 할 수 있는 가위질, 신발 신고 벗기, 밀가루 반죽 등 다양한 활동의 경험은 지능발달로 이어지는 중요한 활동이다. 손을 사용하는 활동의 경험이 많으면 더욱더 높은 수준으로 발달할 수 있다. 그래서 이 시기에 엄마와 함께 일상생활과 미술놀이를 경험할 수 있게 환경을 준비해야 한다.

이렇게 아이들의 발달을 이해하면서 발달단계에 맞는 미술교육의 환경을 제공해야 한다. 민감기를 잘 알아차려서 적절한 환경을 제공해줘야 한다. 그런데 적기의 것들을 제쳐놓고 나중에 발달시켜도 되는 것에 매달려 타이밍을 놓치는 부모들이 있다. 쉽게 말하면 학습을 강조하기보다는 정서발달을 위해 자존감, 공감능력, 정서능력 등을 먼저 키워야 한다.

6세, 7세 아이들과 만들기 활동을 시작하기 전에 전래동화 '호랑이 형님' 들려주고 나서 이야기 나눴다.

"이야기를 들으니 어떤 기분이 들어?"

"호랑이가 따라 죽는 게 슬퍼요"라며 눈가가 촉촉해지는 아이도 있었다.

"엄마, 아빠는 너희가 어떤 행동을 할 때 기뻐하시니? 엄마, 아빠가 기뻐하시고 좋아하는 일을 하는 것을 '효도'라고 하거든."

"우리 엄마는 내가 뽀뽀하면 좋아하세요."

"우리 아빠는 내가 말 잘 들을 때요."

"우리 엄마는 내가 공부할 때요."

"우리 엄마는 내가 청소할 때요."

"우리 아빠는 내가 안마해줄 때요."

"우리 엄마는 내가 할 일 할 때요."

아이들은 각자 나름대로 열심히 대답했다.

20명 정도 모여있는 아이 중에 공부라는 대답이 절반을 차지했다. 특히, 학습지나 수학, 영어 공부할 때 부모님이 기뻐한다는 아이들의 이야기를 들으며 여러 가지 생각이 들었다.

아이들이 어릴 때는 학습보다는 따뜻한 마음, 공감능력, 정서능력, 즉 자기가치감, 자신감, 자율성, 창의력, 상상력, 문제해결력 등을 길러줄 때다. 그래서 부모들은 정신 바짝 차리고 옆집 엄마의 목소리에 귀를 기울여서 우리 아이들을 힘들게 해서는 안 된다. 우리 아이의 발달을 잘 알고 관찰해 민감기를 놓치지 말아야 한다.

05
아이들의 상상력이 창의력을 길러준다

따뜻한 가을 햇살이 비춰주는 토요일 오후, 엄마 손을 잡고 5세, 6세 남매가 토요 미술공방에 왔다.

"선생님, 오늘은 뭐 만들어요?"

호기심 가득한 목소리로 질문하며 공방 문을 열고 들어오는 아이들을 맞이했다.

"어서 오렴. 오늘 뭐 만들지 궁금하지?"

"네."

"먼저, 차 마시면서 이야기 나눠보자."

나는 수업 전에 항상 아이들과 차를 마시며 수업에 관해 이야기 나누며 시작한다. 이날은 미술실에서 키우고 있는 애플민트허브 잎으로 차를 우려서 대접했다. 맛과 향에 대해 이야기 나누며 일주일 동안 어떻게 지냈는지 서로 알아보는 귀한 시간이다. 차를 마시고 나서는 "치약 냄새가 나요" 한다. 그런 모습이 귀엽고 사랑스럽다.

오빠인 민이가 가지고 온 뽀로로 비타민을 함께 나눠 먹었다. 민이는 반짝거리는 비닐 껍질을 버리기 아까운지 만지작거렸다. 순간, 재미있는 생각이 나서 도화지와 딱풀을 주면서 제안했다.

"화지에 붙여볼까?"

이렇게 시작된 미술수업은 오빠 민이의 상상력을 자극했다.

하얀 화지 가득 반짝거리는 사탕 껍질을 재활용해서 길게 붙여놓았다.

"선생님. 비가 내리는 것 같아요."

"오호, 정말 비가 내리는 것 같네."

사인펜을 이용해서 비를 그렸다. 그리고는 수업 전에 마셨던 애플민트잎차의 이파리에 관심을 갖더니 화지 맨바닥에 붙여보고 싶다고 했다. 민이는 점점 수업에 주도적으로 활동했다.

"비가 와서 풀도 나무도 다 젖었어요."

"이번엔 물 스프레이로 비를 그려볼까?"

"네, 좋아요."

화지를 이젤에 세워서 물스프레이를 뿌리자 사인펜으로 그렸던 비가 번지면서 수채화 그림이 됐다. 그리고 민이는 물감과 붓으로 '주룩주룩' 내리는 비까지 표현했다.

점점 활동은 확장되었다. 미술공방 밖으로 나가서 나뭇가지, 열매 등 자연물을 주워왔다. 분홍색으로 화지 가득 채워놓던 동생 은이는 나뭇잎 위에 눈알을 붙여주면서 금세 곤충들을 만들었다. 미술 활동하는 동안 집중하며 자극시켰던 상상력이 창의력을 길러주는 시간이었다.

모든 아이들은 상상하는 존재다. 재미있는 상상을 여러 가지 새로운 방법으로 시도하고 도전하면서 즐기기를 원한다. 그리다가 어느 순간 자기 목적을 세우고, 그 목적을 이뤄나가는 과정으로 스스로 성장하는 것이다. 일상의 행복을 원하는 아이들이 숙제나 학업으로 지치고 힘들면 상상할 기회가 없어진다. 그래서 어른들이 아이들에게 기회를 줘야 한다.

엉뚱한 상상하기를 아이들은 좋아한다. 하늘을 날고 싶어 하던 사람들이 결국은 비행기를 만들어내어 놀라운 발전을 이뤘다. 상상력은 창의력을 길러주고 창의력이 미래사회를 이끌어가는 힘이 된다.

미술활동에는 표현의 제한이 없다. 따라서 아이는 자기 생각, 느낌, 경험을 다양한 재료를 가지고 독창적으로 표현할 수 있다. 그래서 나의 미술공방에는 오름에 가거나 산책길에서 주워온 마른 나뭇가지, 열매, 바다의 해양쓰레기 나뭇조각. 세월과 물로 깎인 유리조각, 조개껍데기, 단추, 휴지심, 크기가 다양한 돌멩이, 나뭇잎 등이 있다. 미술 활동 중에 틀에 얽매이지 않고 재료와 기법의 탐색을 즐기도록 준비해놓았다.

머릿속에서 떠오르는 상상력을 표현하고 전달하기 위해서는 종이에 표현해야 한다. 그렇게 자기 생각을 더 잘 표현하기 위해 생각하는 과정에서 창의력이 자란다.

'나만의 정원'이라는 주제의 수업시간이었다. 아이들이 종이에 나만의 정원을 상상해 그려놓고 나서 그려진 그림을 보면서 필요한 재료를 찾고 만드는 시간을 가졌다. 활동 도중에 생각이 확장되어서 "철사가 필요해요" 하더니 놀이기구를 만들고 "투명한 재료가 없을까요?" 하며 물었다. 나는 아이들의 아이디어에 깜짝 놀랐다. 로웬펠드의 아동발달단계로 보면 또래 집단기에 속하는 아이들은 자기중심을 벗어나서 공동학습이 가능하다. 그래서인지 활동하면서 자연스럽게 공동작업으로 이어졌고, 멋진 결과물을 만들어냈다.

찰흙은 크레용이나 물감과 같이 평면표현재료에서 느낄 수 없는 질감과 촉감을 느낄 수 있다. 나는 찰흙 중에 컬러클레이를 자주 제공해준다. 부드럽고 말랑거리고 주무르고 잡아당기며 밀고 펴고 뭉치면서 자유롭게 형태가 변화되기에 아이들도 나도 좋아하는 미술재료다. 주재료가 되는 찰흙이 아이들의 상상력을 표현하는 데도 큰 도움이 된다.

국제학교에 다니는 한이는 한 시간을 차 타고 온다. 노래를 좋아하고 섬세한 표현을 좋아하는 한이를 미술공방에서 만난 건 7세 때였다.

　나는 수업 시작 전에 함께 시작할 친구들을 기다리는 동안 마음껏 그리는 낙서시간을 갖는다. 일찍 도착하는 한이는 이때 머릿속 가득한 것을 낙서로 풀어낸다. 가끔 생각하는 대로 표현이 안 될 때는 화를 내거나 울기도 했지만, 자신만의 생각과 느낌을 그림으로 풀어냈다.

　시간이 흘러 한이가 초등학교 4학년이 된 어느 날이었다.

　"미술공방까지 오면서 들었던 노래가 너무 맘에 들어요" 하며 즐거워하길래 함께 노래를 들었다. 노래는 지구의 아름다움과 환경을 생각하는 이야기였다.

한이는 클레이를 조물거리며 주인공을 만들어내고 나무판과 지구를 표현할 재료를 찾았다. 재활용품을 이용해 스스로 생각하며 활동하는 한이의 모습이 대견했다.

이렇게 아이들의 상상력은 격려받을 때 확장되고 창의력을 발휘한다.

06
마음껏 표현하는 그림은 언어의 또 다른 표현

아이들은 모든 것에 호기심이 많고 관찰하며 탐색하기를 즐긴다. 특히, 호기심이 많은 아이들은 자신을 둘러싸고 있는 사물과 환경을 주의 깊게 관찰하고, 발달이 빠른 아이들은 어른이나 오빠, 누나를 따라 하는 것을 좋아한다.

우리 큰아이도 매우 호기심이 강한 편이다. 아이가 돌 무렵에 집에서 피아노 레슨을 했다. 집에 오는 형과 누나들을 따라서 피아노 뚜껑을 열고 건반을 두드렸고, 근처에 연필과 매직이 있어서 쉽게 집어 들어 끄적거리는 낙서를 했다.

'혹시 낙서로 집 안이 어질러질까 봐 아이들이 첫 번째 그림을 그리려는 시도를 막아버리지는 않나?' 스스로 질문해본다.

부모들은 아이들이 마음껏 표현해보는 그림이 언어의 또 다른 표현임을 알고 오히려 공간을 마련해줘야 한다.

아이는 진지하게 첫 번째 낙서를 시작할 때 자연스럽게 동작의 기쁨을 갖는다. 이때 부모의 긍정적인 반응은 아이에게 또다시 그림을 그리고 싶은 마음이 들게 할 것이다.

낙서와 그림 그리는 것은 특별한 장소나 시간에 하는 것이 아니다. 우리의 일상생활에서 기회를 주고 부모의 관심과 긍정적인 반응과 함께 아이의 표정을 관찰해보면, 그 순간이 매우 소중함을 느낄 수 있다. 아이들은 성장해나가는 데 필요한 경험을 하면서 여러 가지 배움이 시작된다. 그래서 결코 소홀히 여겨서는 안 된다. 그리고 그림 그리는 시기가 정해진 것이 아니기에 아이가 원할 때, 기회를 놓치지 않아야 한다.

우리 아이가 3~4세 무렵 교회에 가서 어른들과 함께 예배드릴 때는 그림책보다는 낙서할 수 있는 종이와 펜을 준비해서 갔었다. 집에서는 크레용이나 연필을 주로 제공하지만 낯선 공간에서는 특별한 색깔이나 펜을 준비하면 훨씬 집중해 그림 그리기를 즐겼다.

그리고 집에서는 물감, 분필, 수성사인펜 등 다양한 재료들을 경험할 수 있게 제공해준다. 처음에는 손가락을 이용해서 만지고 섞어볼 수 있게 한다. 식탁이나 책상에 유리가 깔려있다면, 그 위에서 탐색해보면 아이들은 굉장히 재밌어한다.

아이 손에 물감이 묻자마자 닦아주는 것이 아니라 스스로 자연스럽게 만지고 놀 수 있도록 해야 한다. 물감은 크레파스나 색연필과는 달리 생기 있는 색의 느낌과 흔적을 남겨 충분한 탐색의 시간이 필요하다. 여러 색이 어떤 결과를 나타내는지를 알게 되고 아이는 물감이 차갑고 미끌거린다는 사실도 알게 된다.

미술공방의 아이들이 사용하는 책상은 꽤 길고 넓다. 책상 위에서 물감 색칠을 하던 중 우연히 가까이에 있던 물이 쏟아졌다. 그러면서 자연스럽게 손으로 물감을 문지르며 재미있는 놀이로 확장됐다. 한 가지 색깔이 다른 색과 섞이면서 생각지 못했던 색깔이 나왔고 탐색이 시작됐다. 손으로 충분히 물감을 느껴보다가 손가락으로 무늬를 만들어 스펀지와 칫솔 등의 또 다른 도구로 즐기며 시간을 보냈다. 그 이후 아이들은 종종 책상 위에 그림 그리기를 원했고, 재밌는 놀이로 인식했다. 그렇게 집에서 있었던 일과 유치원에서 있었던 일을 이야기하면서 스트레스를 해소하는 시간이 됐다.

어린아이뿐만 아니라 초등학교 고학년 아이들도 미술 시간에 손이나 책상에 물감이 묻는 순간 자연스럽게 책상 위에 그림을 그리면서

멋진 작품을 그려냈다. 아이들은 도화지에 그림을 그렸을 때보다 훨씬 자유롭고 과감하게 표현했다. 활동이 끝나면 작품을 사진으로 남겨달라고 했다. 또한 스스로 작업했던 주변을 정리정돈하면서 굉장히 좋은 에너지로 수업을 마칠 수 있었다.

아이들의 낙서는 언어의 또 다른 표현으로 마음을 마음껏 표출하는 활동으로 스트레스를 해소하는 좋은 기회였다. 그저 의미 없이 끄적이는 것이 아니라 마음속의 이야기를 손으로 표현하기 때문이다. 마음속 이야기를 하다 보면 화가 났던 일도 가라앉고 스트레스도 풀리기에 심리적인 불안감을 낮춰준다.

대부분 이런 낙서는 어른의 눈에는 막연해 보이지만 아이들에게는 특별하다. 긴 줄이 뱀이나 코끼리가 되기도 하고 동그라미가 엄마나 아빠가 되기도 한다. 어른들이 기대하는 형태는 아니지만, 아이들은 자신만의 언어로 표현하며 성장한다.

07
체계적인 계획이 필요하다

내가 좋아하는 교육자인 마리아 몬테소리는 1906년 이탈리아의 산로렌조에 어린이집을 설립했다. 이곳에서 몬테소리이론과 방법론에 기초한 교육을 시작했고, 이 몬테소리교육은 세계 여러 나라에 알려져 100여 년이 넘도록 유아교육현장에 도입되고 있다.

몬테소리교육만큼이나 찬사와 비판적 평가가 엇갈리는 교육은 드물었다. 나도 대학에서 유아교육을 전공할 때는 비판적인 입장에서 교육을 받았다. 그런데, 내가 결혼 후 재취업한 유아교육기관은 몬테소리교육을 도입한 교육현장이었고. 교육현장에서는 학교 때 배웠던 것과는 달리 좋은 점을 많이 느끼고 경험했다. 그래서 당장 몬테소리 연수를 신청해 1년간 배우고 특강을 찾아 들으며 현장에서 아이들과 함께했다. 이후 14년간의 교육현장에서 느끼는 몬테소리교육이야말로 '인생에의 도움(Aid to life)'이라고 불리는 교육임을 절실히 깨달았다.

1931년, 로마의 한 연설에서 마리아 몬테소리는 "어린이를 이해하고 그들을 가르치기 위해서 우리는 우선 인생을 완전히 이해한다"라고 했다. 여기서 어린이를 더 잘 이해하는 것은 우리 자신과 우리를 둘러싼 현실을 이해하는 것이다. 당시의 교육은 체벌과 주입식 교육이 자연스러웠다. 하지만 마리아 몬테소리는 어린이를 잠재력을 지닌 인격체로 바라보며 어린이의 신체 및 정신의 발달을 위해서 눈높이에 맞는 교육을 주장했다. 대표적으로 어린이의 신체구조에 맞는 책상과 의자가 이때서야 처음 개발됐다. 감각훈련을 중요하게 생각해서 여러 가지 놀잇감과 교구가 개발된 것이다.

오늘날 너무나 당연하게 생각하는 어린이에 대한 보호, 존중, 남녀평등을 위해 마리아 몬테소리는 자기 인생의 편안함보다는 여성과 어린이의 삶을 대신 짊어졌다. 그 덕분에 우리 아이들은 이해받고 사랑받는 삶을 살아갈 수 있게 됐다.

'한 아이를 키우려면 온 마을이 필요하다'라는 아프리카 속담이 있다. 너무나 공감 가는 말이지만 우리의 아이들은 더 이상 그런 시대를 살지 못한다.

요즘, 남편과 나는 저녁 식사 때 TV에서 '전원일기'를 즐겨본다. 왜냐하면, 전원일기 프로그램에서 그려지는 상황 중 '자녀교육'과 '고부간의 갈등', '이웃 간의 협력'과 또 다른 '인간관계의 갈등' 등등의 문제를 풀어가는 모습은 매우 지혜로워 어른들의 가르침으로 문제 해결방법을 배우기도 한다. 그러한 상황을 보며 남편과 더 많은 대화를 나눌 수 있어서 좋아하는 시간이다.

이날도 남편이 "우리도 전원일기의 김 회장 댁처럼 세 아들을 결혼시킨 이후에도 모두 한집에서 살게 하면 어떨까?" 한다. "와우~ 좋겠다!" 얼른 대답은 했지만, '과연 그럴 수 있을까?' 하는 현실적인 생각이 든다. 왜냐하면, 우리의 자녀들은 본인들이 원하는 꿈을 위해서 서울, 성남, 전주로 흩어져 있기 때문이다.

현재 우리 사회는 지혜를 주고받을 수 있는 양가의 부모나 이웃들도 직장을 다니거나 각자 해야 할 일들이 너무나 많아서 현실적으로 도움을 받기 어렵다. 그럼에도 아이들을 키울 때 좋은 부모는 물론이고 좋은 교사와 좋은 지역사회를 만난다는 것은 행운이고 축복이다.

그래서 교육은 체계적인 계획이 절실히 필요하다.

한 생명이 잉태되는 순간부터 역사가 시작된다. 그래서 두 사람을 하나로 만드는 결혼부터 생각해야 한다. 부모들은 자녀들의 인간역사를 책임지고 마련할 의무가 있다.

몬테소리 우주교육에서는 "나는 누구인가? 나는 어디에서 왔는가? 나는 왜 지금 여기에 있는가?"라는 질문으로 시작된다.

그래서 나는 몬테소리 우주교육을 반 아이들의 생일 때 교육받은 대로 했다. 7세 아이들 가정에서 1세 때부터 7세 때까지의 사진과 짧은 메모를 해서 보내오면 '나의 역사' 책을 만들어줬다.

그리고 검정색 실로 커다란 원을 만들고 원 가운데에는 태양을 상징하는 촛불을 켜둔다. 그리고 검정색 실 주변을 생일을 맞이한 아이가 지구본을 돌면서 사계절을 느낀다.

"빈이야, 지구가 태양 주위를 한 바퀴 돌면서 봄, 여름, 가을, 겨울이 지나는 동안 1년의 시간이 됐어."

"엄마가 너를 뱃속에서 열 달 동안 사랑과 정성으로 품어줬단다."

또다시 한 바퀴를 돌고나면 말했다.

"이제 두 살이야. 엄마와 아빠는 네가 울기만 해도 배가 고픈지 졸리는지, 아픈지, 알아듣고 너에게 도움을 줬단다."

또 한 바퀴를 돌고 난 아이에게 부모가 보내온 사진과 짧은 메모를 보면서 이야기해준다. 그렇게 모두 일곱 바퀴를 돌면서 아이가 성장해온 역사를 함께 나누며 점점 독립을 이뤄가는 모습을 격려해준다.

"그리고, 지금 일곱 살 때까지 사랑과 기쁨으로 너를 키워주셨어"라고 생일 축하시간을 가졌다. 아이들이 생일 축하시간은 단순히 기뻐하고 축하받는 시간이 아니라 '나의 의미'와 '부모님께 감사'의 마음을 느끼는 시간이었다. 나도 엄마이자 교사였기에 깊이 공감하며 마음으로 이야기해줄 수 있었다.

사실 엄마들이 가졌던 마음가짐, 즉 새로운 세상에 태어나기 전의 태아는 오랜 시간 동안 태내에서 생존에 필요한 것을 준비해주는 '어머니의 본능'은 중요한 교육모델이 된다. 태아는 엄마의 움직임, 음식, 생각, 태도를 그대로 흡수해 무의식적으로 학습하게 된다. 체계적인 교육은 이때부터다. 그래서 결혼 전부터 엄마가 되는 준비와 아빠가 되는 준비가 필요하다.

아이들의 창의성 발달은 모든 활동과 학습에 정확한 목표를 세우는 것에서 시작한다. 몬테소리교육현장에서 나는 아이들에게 활동하기 전에 계획과 목표 세우기를 권했다. 그리고 어떤 생각과 의견에는 즉각 반응하려고 아이들을 잘 관찰했다.

활동에 집중하지 못하거나 교실을 배회하는 아이들과 이야기를 나눠보면, 전날에 잠을 못 잤거나, 배가 아프거나, 놀이가 시시해졌거나 하는 이유가 있었다. 그 이유에 반응해 대처해줬더니 관심과 흥미에 따라 집중하는 모습이 관찰됐다.

그리고 실패를 성공으로 이끄는 훈련을 위해서 일상생활을 경험할 수 있는 영역에서 '물 따르기'를 제공했다. 처음에 컵 주변에 물을 흘렸지만 쉽게 따를 수 있는(주둥이가 뾰족한) 컵을 제공해 성공을 맛보게 했다. 그 이후는 주둥이가 매끈한 컵을 제공해도 성공한다. 물론 유리컵이다. 그러면 간식 시간에 1,000mL 우유를 스스로 따르기도 한다.

이렇게 시간과 노력을 적절하게 활용하고 작업이나 학습을 즐거운 마음으로 할 수 있게 부모들도 협조해야 한다. 활동이 끝났을 때 목표를 정하고 계획을 세운 것에 대한 확인과 피드백은 정말 중요하다.

나의 초등학교시절 선생님께서 "누가 잘 앉았는지 볼게!", "누가 잘 하지?"라는 이야기에 칭찬받아보려고 열심히 노력했으나 피드백 없이 수업이 진행됐을 때 나는 서운했었다. 이 감정이 기억나서인지 나는 내가 뱉은 말에는 책임져보려고 노력했다. 그래서 가능하면 "누가 똑바로 앉았을까? 예쁘게 앉은 사람 먼저 시켜줄게"라는 흔한 말을 하지 않는 교사가 됐다.

대신에 "오늘은 선생님 오른쪽 옆에 있는 어린이 먼저 할까?", "오늘은 앉은 순서대로 모두 발표하면 어떨까?"라는 말을 하게 됐다.

그래서 아이들은 보여주려고 행동하는 것이 아니라 본인의 의지에 따라 행동하고 원하는 것을 표현하는 아이들로 성장해가는 것을 관찰하고 경험했다. 그리고 아이들은 단순한 것보다는 사물과 생각이 복잡해지는 것에 더 많은 관심을 가지게 되고, 열린 생각으로 도전적인 의식을 가지게 된다.

창의적인 생각을 할 수 있게 도우려면, 자기 스스로 움직임을 일으킬 수 있게 매력적인 환경이 가정 내에서도 교육기관 내에서도 필요하다. 그중에서 아이들이 대부분의 시간을 보내는 곳이 가정이기에 부모들이 준비된 환경을 만들어가야 한다. 가장 핵심적인 요소는 충분한 사랑의 분위기다. 여기에 더해 체계적인 계획을 세우는 것이 매우 필요하다. 아이들의 발달을 알고 적기에 적절하게 도움을 줘야 한다.

08
그림 그리는 것을 좋아하는 아이들

'왜 아이들은 그리기를 좋아할까?'

아이들을 관찰하다 보면 벽이나 바닥에 낙서를 즐기고, 종이나 스케치북에 그림을 그리는 모습을 종종 보게 된다. '아이들은 왜 그림을 좋아하고 그릴까?'를 생각해보면, 어린아이들에게 그림 그리기는 글을 쓰듯 의사소통과 마찬가지라서 그렇다. 그러기에 말과 글로 자기 생각을 표현하기 어려운 7세 이전의 아이들은 그림을 보고 마음의 생각과 소통할 수 있다.

아이들은 말을 떼기 전부터 누가 시키지 않아도 낙서하는 모습을 보인다. 아이들의 그림 속에는 언어가 들어있고 마음이 들어있다. 그런데 간혹 '그림 그리는 아이를 그저 놀고만 있다고 야단치거나 집안을 어지럽힌다고 혼내지는 않았을까?' 질문해본다.

'즐거운 그리기는 아이들에게 어떤 좋은 점이 있을까?'

즐거운 그리기, 즉 낙서를 즐기는 아이들은 자기의 생각과 마음을 표현할 뿐만 아니라 사고력과 창의력, 손과 눈의 협응 능력을 향상시킨다. 아이들은 스스로 그려지는 것에 재미를 느끼면서 반복적으로 낙서하게 된다. 이런 행동은 아이의 두뇌와 신체발달에도 도움이 된다.

특히, 영유아기의 아이들이 자유롭게 낙서하면서 마음의 안정감을 주고, 다양한 색감을 접하면서 아이들의 정서는 더욱 안정된다. 아이들은 불완전한 낙서가 점점 형태를 갖춰가면, 무언가를 해냈다는 성취감을 느낄 수 있다. 여기에 칭찬이 더해지면 자기 능률에 대한 자신감을 갖게 된다.

낙서를 처음 시작할 때는 손가락의 소근육을 사용하고 어깨와 팔의 대근육을 사용하지만, 낙서의 공간이 넓어지고 동작이 커지면 아이들의 신체발달에도 좋은 영향을 미친다. 어른들이 보기에는 무의미한 낙서로 보이지만 아이들은 나름대로 자기 생각과 의지를 표현한 것이다.

두뇌에도 좋은 영향을 미치고 발전시킨다. 왜냐하면, 아이의 머릿속에 있는 구체적인 형상이나 색감을 종이 위에 그리면서 자기 의사를 전달하기 위해서 많은 생각을 하는 과정이 사고력을 길러주기 때문이다.

이런 좋은 점을 가진 '즐거운 그림 그리기, 낙서'의 구체적인 사례가 있다.

먼저, 2022년 1월 27일 뉴스 기사에 나온 영국의 12세 소년 조 웨일의 이야기를 소개한다.

낙서를 6~7세부터 시작했다는 조의 낙서 사랑은 학교에 가서도 이어졌다. 학교 수업시간에 낙서하다 선생님들에게 야단을 맞았다. 그랬던 조 웨일이 글로벌 스포츠 브랜드 나이키와 정식으로 계약을 맺고 디자이너가 된 것이다. 현재 12만 명의 팔로워를 가진 인스타그램 계정 '낙서소년'을 운영하며 인기를 누리고 있다. 처음에 조는 수업이 지루할 때면 책에 낙서했고 여러 선생님으로부터 야단을 맞았다. 이런 일이 반복되자 조의 부모님은 그를 방과 후 미술공방에 보냈다. 그곳에서 재능과 실력을 알아본 미술 선생님이 조의 낙서를 인스타그램에 올리기 시작하면서 세계적인 관심을 받게 됐다. 조에게 지역

레스토랑에서 벽화 의뢰를 맡기는가 하면, 어린이 소설 삽화도 맡았다. 2020년 12월엔 영국 윌리엄 왕자 부부의 기차여행을 그림으로 그려 인정받기도 했다.

조는 2020년 아빠에게 선물할 나이키 운동화에 낙서해서 SNS에 올렸다. 이것을 나이키가 발견하면서 인연이 됐다. 조는 "이건 내 꿈 중 하나"라고 말하면서 "나는 화가 나면 방에 가서 낙서를 시작한다. 그러면 행복해진다. 내가 하는 가장 편안한 일 중 하나"라고 말한다. 이어서 "난 그냥 나 자신에게 좋아하는 걸 하라고 말한다.

그것이 낙서다. 굉장히 기분이 좋고 나 자신이 자랑스럽다"라며 "내가 무엇을 하는지 잘 생각하지 않고 그냥 밀고 나가며 마음에서 만들어낸다. 딱히 계획은 없고 느낌대로 한다"라고 덧붙였다.

낙서를 디자인으로 평가받은 소년의 이야기는 자신이 좋아하고 잘하는 것을 격려받고 인정받는 시대라는 것을 실감하게 한다.

어린아이들은 분별력과 조절능력이 부족하다. 그래서 벽이나 바닥, 몸에 아무런 생각이 없이 그릴 수 있다. 그래서 아이들이 낙서할 때는 야단치기보다는 낙서할 수 있는 장소를 알려주는 것이 좋다. 충분한 낙서공간을 제공해주고 다양한 재료와 도구를 준비해줘야 한다. 그리고 어른의 눈으로 보면 아이의 그림이 엉성해 보이는 느낌이 들어도 평가하는 것은 좋지 않다.

자기 욕구를 마음껏 능동적으로 표현하고 그 결과물에 대해 칭찬받은 경험은 아이들에게 스스로 자신감을 갖게 한다. 그 구체적인 두 번째 사례를 소개한다.

막내아들은 어려서부터 운동신경이 남달랐다. 위로 형 둘에게 사회성과 친화력을 보고 배웠다. 여기에 더해 짬 시간이 날 때마다 아빠와 형 둘과 함께 축구, 야구, 발야구, 숨밖꼭질, 달리기 등의 게임을 즐겼다. 가족들이 주말마다 숲길과 오름에 놀러 다녔는데, 3~4세일 때도 업어달라고 하지 않고 웬만한 오름 오르기는 스스로 올랐다. 그러다가 초등학교 4학년 때 학교에서 테니스를 배우면서 본격적인 선수생활을 시작했다.

  '관찰력'은 미술의 기초능력 중 하나다. 막내아들은 이 관찰력이
뛰어나서 영화를 볼 때도 맘에 드는 장면은 몇 번이고 반복하며 봤
다. 그러다가 카메라가 '찰칵'거리며 저장해놓듯이 주인공들의 대사
를 기억해서 재현했다. 그래서 우리 가족들이 깜짝 놀라고는 했다.
  그러던 어느 날 '마이클 잭슨'의 춤을 몇 번이고 반복해서 춤 장면
을 보고 기억했다가 가족들이 모였을 때 마이클 잭슨의 춤을 완벽하
게 재현했다. 이렇듯 막내아들은 본인이 관심이 있고 재미있어하는
것들에 대해 관찰하고 재현하는 것을 즐겼다.

  '관찰력'은 그림을 그리는 데 중요한 능력이다. 그림 그릴 때 그저
바라만 보는 것은 관찰이 아니다. 대상의 특징을 파악해야 관찰이
다. 관찰하고 있는 대상의 움직임을 도식화해서 '이렇게 되겠구나'
하는 눈을 가지고 그릴 대상의 특징을 빠르게 캐치해내는 능력이 중
요하다.
  막내아들은 테니스 운동을 시작하면서 자신이 좋아하는 모델링이
되는 선수들을 그림으로 그렸다. 그 선수의 운동기술과 운동복 등등
을 관찰했다.

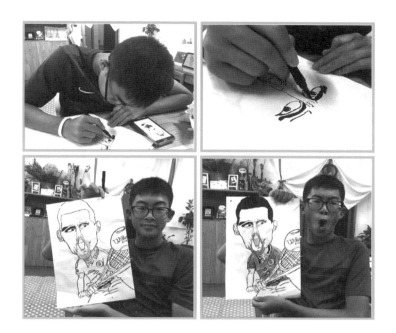

　막내아들은 현재 세계랭킹 1위인 세르비아 출신의 '조코비치'를 무척 좋아하고 따랐다. 막내아들은 중학교 시절에 힘든 훈련을 마치면 미술공방에 와서 쉬는 동안 그림을 그렸다.

　대부분의 부모는 '미술은 창의력 개발을 위해 경험해야 한다. 혹은 다른 아이들보다 미술 실력이 부족하거나 뒤처지면 안 된다'라는 불안감에 미술학원을 보낸다. 실력이 있으면 있는 대로, 아니면 미술을 싫어하거나 실력이 없다고 느껴지면 '미술학원에 보내야 하나?' 하는 고민을 하게 된다

나는 그러한 맥락에서 아이들이 자유롭게 자기의 생각과 느낌을 표현할 수 있는 환경을 지지하고 제공해주는 부모가 되기를 바란다.

막내아들은 "그림을 그릴 때가 평안하고 행복하다"라고 한다. 특히, 테니스를 하면서 훈련이 고되고 스트레스가 많아질 때 낙서하듯 그림 그리기를 즐겼고, 이렇게 말했다.

"본업이 되어버린 운동이 힘들 때 그림을 그리면, 아무 생각이 들지 않는 편안함이 좋다. 좋아하는 롤모델을 그림으로 그려내면서 다시 힘을 낼 수 있는 원동력이 됐다."

막내아들은 현재 성남시청 소속 테니스 선수로 지낸 지 3년 차가 됐다. 지금도 연휴에 제주도 본가에 와서 쉬는 동안에 그림을 그리고 있다.

우리는 빠르게 변화하는 시대에 대처하는 인재로 키워야 한다는 것에 누구나 동의할 것이다.

그렇다면 어떤 인재가 시대의 변화에 대처하는 인재일까? 그건 유연한 사고와 환경적응을 할 수 있는 인재다. 그러한 인재를 키워내기 위해서 미술교육이 중요하다. 왜냐하면, 미술교육은 모든 교육의 기초가 되고, 이성과 감성을 조화롭게 발달시킬 수 있기 때문이다. 이젠 더욱더 아이들에게 성적, 학벌 등으로 스트레스를 주지 않도록 부모들이 생각하며 교육해야 한다.

아이들이 행복하게 자라서 세상에서 필요로 하는 사람이 되도록 부모가 도와야 하는 것들이 여러 가지가 있다. 그중에 즐겁게 그림을 그릴 수 있도록 부모가 도와주면 어떨까?

2

정답이 없는
미술교육이 답이다

01
정답이 없는 미술교육이 답이다

내가 근무하던 유아교육기관에서는 아침에 등원한 아이들이 자연스럽게 원하는 선택해 활동을 시작한다. 아침 일찍 엄마를 따라 등원한 해민이가 미술영역에서 그림을 그리고 있었다.

검은색으로 화면을 가득 채운 해민이의 그림이 내 눈에 띄었다.

검은색은 부정적인 이미지가 먼저 떠오르는 색이라서 머릿속에 부정적인 생각이 들었다.

'해민이가 힘든 일이 있나?', '집에 무슨 일이 있었나?'

그러나 내 생각에 단정 짓지 않고 해민이에게 직접 물어보기로 했다.
"해민아, 선생님은 해민이가 도화지 전체를 검은색으로 색칠한 이유가 궁금해."

그러자 해민이는 지금 막 접어놓은 색종이 자동차를 붙이면서 밝게 대답했다.

"아, 이거요? 제가 아침에 어린이집에 오면서 본 도로예요."
"오, 그래? 그런 이유가 있었구나!"

어른들이 미리 단정 짓거나 짐작하는 언어는 아이들의 생각을 확산시키는 데 방해가 된다. 해민이의 눈높이에서 바라본 도로는 흰 줄 몇 개 그어진 것들 이외에는 검은색이다. 우리 주변에는 생각하는 것을 그대로 말로 뱉어 버리는 어른들을 간혹 접할 수 있다. 우리 어른들이 아이를 먼저 생각하고 말을 내뱉으면 어떨까?

그런 말 중에 '마법의 언어'가 있다.

"그럴만한 이유가 있구나"라고 하면 '나는 정확한 이유는 모르지만, 너만의 생각과 행동이 있다'라는 것을 인정하는 것이다. 그래서 아이들과 소통을 원할 때 아이들의 마음 문이 쉽게 열린다. 그런 후에는 "그런 이유가 있었구나" 하고 공감을 하면 오해가 생기거나 섭섭한 마음이 찾아오지 않을 수 있다.

미술에는 단 하나의 정답이 존재하지 않는다.

그림을 크게 그릴 수도 있고 작게 그릴 수도 있다. 그리고 얼굴색도 정해지지 않았다. 화가 나면 붉은색이 되기도 하고, 아플 때는 보라색이 되기도 한다. 고정된 우리의 관점을 다르게 바라볼 필요가 있다. 해민이의 그림은 우리가 바라보는 시각을 마음을 열고 바라볼 필요가 있음을 다시금 생각하게 하는 사례라고 할 수 있다.

아이들의 자유로운 표현을 인정해주는 것이 필요하다.

아이가 자유롭게 그림을 그릴 수 있도록 기회를 주고, 평가로 위축되거나 소심해지지 않게 격려해줘야 한다. 아이들이 목적 없이 즐기는 시간이 미술활동 시간이어야 한다. 오로지 자기감정과 기쁨을 위해 몰입하는 시간이 아이들의 상상력을 자극하기 때문이다.

어른들이 가지고 있는 관점으로 평가하는 것과 아이 앞에서 그림을 잘 그리지 못했다고 말하는 일은 결코 해서는 안 된다. 왜냐하면,

그림은 아이들에게 또 다른 언어의 표현방법이고 놀이이기 때문이다. 그리고 과도한 칭찬보다는 힘을 주는 격려의 말이 필요하다.

자유선택활동시간에 평소에는 블록놀이를 즐기고 미술영역에는 거의 참여하지 않았던 지수가 그 날은 미술영역에서 색종이로 배를 만들어서 보여줬다.

"선생님, 배를 만들었어요"라고 이야기하는 지수에게 나는 "지수가 혼자서 배를 만들었구나"라고 대답했다. 그러자 또다시 미술영역으로 갔다 오더니 "선생님, 집도 만들었어요"라고 보여주며 신이 나서 말했다. "이 집은 숲 속에 있는 집이에요"라고 말하는 집은 세모와 네모를 붙여놓은 것이었다.

무심히 그냥 지나칠 수 있었다. 그러나 지수가 가위질과 색칠하기가 서툴러서 미술영역에 흥미가 없었던 것을 알고 있었고, 나는 힘을 주는 격려의 말로 반응했다. "지수가 혼자서 만든 집이 숲 속에 있구나. 선생님도 숲 속에 있는 집을 보니 살고 싶다는 마음이 드네"라고 했더니 지수가 미술영역에서 긴 시간을 보내며 가위질과 풀칠을 하며 창작 활동을 이어나갔다.

아이들이 표현하는 그림은 또 다른 언어의 표현임을 기억해 아이들의 생각과 느낌에 반응하고 칭찬해야 한다. 이런 칭찬이 아이에게 동기부여가 되어 창작활동을 지속하게 한다. 또한, 칭찬을 제대로 하려면 관심 있는 '관찰'이 무엇보다도 중요하다.

이때 "잘했어요", "멋져요"라는 칭찬은 아이에게 힘을 주는 격려가 아니라 칭찬받기 위해 하는 일이 될 수 있다. 그래서 스스로 해냈다는 격려의 마음을 담아서 "혼자서 했구나"라고 말해야 한다.

그러면 아이는 스스로 해냈다는 뿌듯한 마음으로 도전하는 힘이 생긴다. 어른들의 격려는 아이들에게 자신감을 갖게 해주고 자유로움으로 상상력이 풍부해진다. 또한, 자발적인 창의성을 갖게 해준다.

아이들의 교육은 삶의 모든 면에서 잠재력을 완전히 발현할 수 있도록 도와야 한다. 그래야 아이들이 미래의 삶을 준비하고 미래사회의 리더로 성장할 수 있다. 그래서 신체적인 발달과 인지적, 사회적, 정서적 발달로 전인적 발달이 필요하다. 그중 미술교육에서 말하는 '관심 있는 관찰'과 '힘이 되는 격려의 말'이야말로 아이들 교육에 기초가 된다.

02
창의력과 자유로움이 테크닉을 만나다

날씨가 맑은 어느 여름날, 수업이 있어서 서귀포시에 다녀오던 길이었다. 제주시에서 서귀포시까지 오가는 동안에 눈으로 보고 느껴지는 자연의 아름다움으로 특별한 여행이 되고 있었다.

5년 동안 한 달에 두 번 가는 수업이 그리 쉬운 일정은 아니지만 '여행을 떠난다'라는 마음으로 갔다. 이날은 특별한 날로 받아들였다. 그런 덕분에 늘 행복한 마음으로 오갈 수 있었다. 하루 동안 그곳을 여행하고 즐겼다. 여행객 마음으로 다니면서 제주의 아름다움을 새삼 느끼기도 했다. 마음의 작은 변화에서 오는 기쁨을 느꼈다.

이날도 서귀포시에서 수업을 마치고 한라산 길을 넘어오고 있었다. 한라산은 제주시에서 보는 모습과 서귀포시에서 바라보는 모습이 다르다.

그 길에서 마주한 하늘은 너무나 아름다웠다. 한라산 중턱에 머무는 하얀 구름이 저절로 노래 부르게 했다.

"산 할아버지 구름 모자 썼네~."

저녁 수업이 있어서 서둘러 도착한 미술공방에서 때마침 찾아온 아이들에게 오늘 찍었던 사진을 보여줬다.

"선생님이 서귀포에서 오는 길에 만난 하늘이 너무 아름다워서 너희들에게 보여주고 싶었어."

"와! 선생님, 멋져요", "아름다워요."

"우리 오늘은 거기 가서 그림 그릴까?"

"네! 좋아요!"

"그럼, 필요한 도구를 챙겨보렴."

계획에 없었던 일이지만 아이들과 서로 의논하면서 제주의 아름다운 풍경을 수채화로 표현하기로 했다.

아이들은 스스로 그리기 도구를 챙기기 시작했다. 물감이 준비된 팔레트와 물통, 붓을 챙기더니 물까지도 챙기면서 짧은 시간에 준비가 끝났다. 아이들과 나는 설레는 마음으로 마방목지를 향해서 출발할 수 있었다. 목적기로 가는 길에 한라산중턱에 걸쳐있는 구름을 쳐다보며 제주의 아름다움에 감탄하며 아이들도 노래가 절로 나왔다.

목적지에 도착한 나와 아이들은 여름의 정취와 푸른 풀밭과 말들의 한가로운 모습에 취했다. 근처의 풀을 뜯어서 말에게 먹이를 주기도 하고 가깝게 보이는 한라산의 모습에 "우와" 환호성을 지르기도 했다. 그렇게 잠시 자연의 아름다움을 바라봤다. 그러다가 노을이 지기 시작하자 아이들은 노을의 아름다움으로 감탄사가 연발했다.

아이들은 이내 숨을 죽이고 그림을 그리기 시작했다. 갑자기 말이 없어진 아이들은 눈 앞에 펼쳐진 나무들과 한라산, 제주말도 '스윽 쓱' 그려내는 모습이 진정한 예술가였다.

같은 장소, 같은 자연을 바라봤지만, 각자 다른 모습으로 표현해냈다. 어느새 붉은 노을이 드리우는 모습에 또다시 감탄하며 그리기 수업을 마무리했다.

'우리가 아는 것은 책 안에 있는 것이 아니라 책 밖에 있는 것'임을 인정하는 시간을 가졌다.

창의력과 자유로움은 미술의 필수조건이다.

창의력이란 '새로운 생각을 해내는 힘'이다. 창의력 하면 자연스럽게 따라오는 단어가 '자유로움'이다. 그건 틀에 박히지 않고 유연하게 생각하는 것이다. 자유로워지는 건 무질서가 아니라 자연스러워지는 것이다. 남에게 피해주지 않고 책임감 있게 행동하는 것이 '자유'고 진정 창의력을 갖추는 것이 내면의 질서를 찾는 것이다. 거기에 더해 섬세한 '관찰'로 창의력 발달을 도울 수 있다.

그러한 창의력과 자유로움으로 준비된 아이들에게 관찰하는 힘을 길러줘야 한다. 여러 가지 미술 테크닉을 만났을 때 아이 스스로 생각하고 표현하는 능력으로 자신감이 생긴다. 자연을 통해 보고 느끼는 것과 주변의 사물이나 환경을 관찰하는 것은 표현활동에 꼭 필요하다. 그리고 미술의 여러 가지 기법 등을 경험하는 것은 스스로 생각하고 나만의 생각을 표현할 수 있도록 가르치는 것이 부모와 교사의 역할이다.

예를 들면, 미술의 여러 가지 기법 중에 마블링 기법을 경험하는 것은 매우 교육적인 활동이다. 먼저 물과 기름의 반발성 원리를 이해하고, 어떻게 물감을 뿌리고 떨어뜨리느냐에 따라서 결과물이 매우 달라진다. 휘젓는 방향도 결과물에 많은 영향을 미치기에 창의적으로 생각하고 자유롭게 활동을 펼칠 수 있다.

마블링을 경험하는 수업이 있던 날, 아이들은 예상치 못한 우연한 결과물에 환호성과 감탄의 소리가 수업 내내 울렸다.

첫 시작에는 표현기법을 설명했다. 아이들은 물에 물감을 풀어주고 그 위에 기름을 떨어뜨리는 모습을 관찰했다. 그러고 나서 아이들은 자신들이 좋아하는 색을 선택하고 스스로 기름을 떨어뜨리는 것에서부터 신중하게 막대기로 휘저었다. 기름과 물감의 색이 섞이지 않고 만들어  내는 무늬를 찍어내는 종이가 뒤집혀서 나올 때마다 감탄사를 내면서 흥미롭게 지켜봤다.

표현이 자유로운 아이들이 적극적으로 활동하면서 책상에 결과물을 가득 펼쳐놓고 한참을 감상했다. 무늬를 보면서 연상되는 모습의 이름을 붙여가며 초집중하는 모습이었다. 수업 결과물을 가져가면서 "10분 같은 시간이었어요"라며 집으로 가는 시간을 아쉬워했었다.

이렇듯 자기 마음과 느낌을 미술기법으로 표현하도록 도와야 한다. 이런 즐거운 경험으로 아이들은 표현해내는 자신감을 갖는다. 표현하는 자신감은 이 시대를 살아가는 데 다른 공부보다 우선이다. 이런 자신감을 갖기 위해 우리 아이들의 마음을 읽어주고 표현할 수 있는 자유로움을 주는 커리큘럼과 꽃과 나무를 사랑하는 따뜻한 마음을 가진 선생님과의 지속적인 만남이 필요하다.

03
마음을 읽어주는 미술

나는 《42가지 마음의 빛깔》이라는 책을 좋아한다. 42가지 감정의 이름과 각 감정에 대한 설명, 감정을 표현하는 42점의 그림으로 구성된 책이다. 아이들에게 친숙한 '포근함'으로 시작해서 '감사'로 마무리하면서 감정에 대해 쉽게 다가갈 수 있게 담겼다.

아이의 감정을 있는 그대로 받아줘야 한다는 것은 누구나 알고 있다. 하지만 내 감정이 어떤 상태이고 상대의 감정이 무엇인지 모를 때가 종종 있다. 아이의 감정을 그대로 받아줘야 하는 것을 제대로 이해하지 못하고 무조건 다 해줘야 하는 것으로 받아들이는 부모도 있다.

《42가지 마음의 빛깔》에서는 어른들도 제대로 조절하지 못하는 것이 바로 감정이라고 말한다. 당연히 아이도 강한 감정인 '화, 미움, 짜증' 등은 조절하기 어려울 수밖에 없다. 이럴 때 아이와 감정을 나눌 수 있게 《42가지 마음의 빛깔》에 나오는 감정들에 대해 읽으면서 내 감정을 찾아보는 일은 수업에도 일상생활에도 큰 도움을 줬다.

내가 미술공방을 오픈하자 유아교육기관에서 같이 근무했었던 B 선생님이 자기 세 자녀를 데리고 와서 미술교육을 지도해달라며 맡겼다. 아마도 함께 근무했을 때 감성적인 소통과 마음을 읽어주는 교육에 신뢰가 있었던 것이라고 생각이 든다. 그 후에는 B 선생님의 지인인 K 어머니가 남매를 데리고 왔다. 처음 만났을 때 5세와 6세였던 아이들은 지금 초등학교 3학년, 4학년이 됐다.

나는 아이들의 감성과 성향, 발달 특성을 생각하며 창의적이고 독창적인 교육프로그램을 맞춤형으로 진행했다. 그렇게 하니 미술교육으로 아이들의 생각과 표현의 변화가 다양해지는 것을 부모님들과 공감하게 됐다.

그 후로는 B 선생님을 통해 또 다른 부모님들이 내 미술공방에 찾아왔다. 한결같이 아이들과 잘 소통하고 아이들이 미술로 인한 즐거움을 느끼기를 원했다. 그래서 대부분이 남자아이들로 구성된 소그룹 미술 지도를 5년가량 진행하게 됐다.

나는 20년 동안 유아교육기관에서 근무하면서 많은 사례를 겪었다. 이로써 남자아이들의 특성을 잘 파악하고 있었고, 세 아들을 키웠던 경험으로 부모들에게 자연스럽게 부모교육의 중요함을 강조했다.

나도 자녀들과 좀 더 행복하게 지내기를 바라며 '아름다운 인간관계 훈련'이라는 부모교육 프로그램을 들었고, 강사과정까지 공부하며 많은 도움을 받았다. 그래서 부모님들에게 아훈연구소에서 진행하는 부모교육을 권했을 때, 모두 주저함 없이 교육비를 감수하며 등록했다. 자녀들과 행복하기를 바라는 마음이 통했기 때문일 것이다.

부모님들이 부모교육의 기본교육과정을 공부하고 나서 심화과정을 듣는 모습에 나는 감동했다. 특히, K 어머니는 본인의 친정어머니에게도 교육을 권했고 함께 공부하는 열정을 보여줬다. 그러한 모습에 나는 지속적으로 그들을 돕고 싶어서 월 2회의 독서모임을 만들었다. 그리고 교재로 사용했던 책을 반복적으로 읽고 삶을 나누며 일상생활에서 실천하려고 애썼다. 미술수업에서도 아이들의 마음을 읽어주고 공감해주기 위해 《42가지 마음의 빛깔》을 적극적으로 활용했다. 이외에도 마음을 읽어주고 공감할 방법으로 수업을 진행했다.

계절에 맞는 간식과 차를 마시며 음악을 듣는 것이 수업에 시작이다. 차를 마시며 일주일 동안 어떻게 지냈는지 이야기를 나눈다. 학교에서 친구들과 지냈던 일, 친구들과 게임한 일, 엄마와 싸웠던 일, 시험 본 일, 학

교운동장에서 벌레 잡았던 일, 공방의 담벼락에 사마귀 본 일 등등이다. 그러면 열심히 이야기하는 아이, 조용히 듣는 아이, 물어봐도 별 대답 없는 아이 등 각자 표현 방법을 달라도 그 시간을 즐거워했다.

가끔 아이들이 좋아하는 3·6·9게임으로 준비된 간식을 먹으면서 수업이 시작되기도 한다. 그리고 나면, 스스로 에너지체크를 하고 현재의 내 감정과 마음을 돌아보게 된다. 수업이 끝나면 또다시 에너지체크를 하면서 달라진 감정과 마음의 변화에 관해 이야기 나누며 정리한다.

아이들은 '졸려서, 비가 와서, 배가 고파서' 등으로 에너지가 떨어졌다고 한다. 그런데 그것들은 잘 모르면 오해가 생기거나 힘든 시간이 될 수도 있다. 하지만 내 수업에서는 서로 이야기를 나누면서 필요하거나 원하는 것을 공유할 수 있게 반응해준다. 그래서 수업이 끝나면 대부분은 최고의 에너지까지 올라갔다며 기분 좋게 집으로 돌아간다. 나는 아이들의 뒷모습을 보며 행복하게 미소 짓게 되고, 아이들도 스스로 생각하며 작업을 하기에 만족도가 높다.

미술작업을 시작할 때는 계획서를 그리거나 메모를 해서 아이들이 스스로 생각을 정리하고 돌아보게 했다. 만들기와 그리기만 있는 수업이 아니라 요리수업과 생태수업, 야외수업 등 다양한 활동으로 아이들은 설렘과 즐거움으로 가득하게 됐다.

그러나 언제나 행복하기만 한 것은 아니었다. 초등학교 5학년인 환이는 개성이 강하고 가끔 거친 언어도 사용했다. 마음은 따뜻하지만, 함께 수업을 받는 연년생 남동생과 자주 마찰이 있어 종종 수업이 지연되기도 했다. 그러던 어느 날, 조금 일찍 미술공방 문을 연 환이는 쑥스러운 모습으로 하얀 종이에 무언가를 돌돌 말아 가져와서 "선물이에요" 하며 내밀었다. 펼쳐보니 기관총 모양을 한 볼펜 한 자루가 있었다. 그동안 환이의 생각과 마음을 읽어주려고 애썼던 내 마음을 환이가 알아줬다는 생각이 들어 감동이었다.

그림을 잘 그리는 것보다 아이들 마음이 건강하게 잘 자라는 것이 우선이다. 진짜 살아있는 공부는 아이들이 마음에 품고 있는 씨앗들이 잘 자랄 수 있도록 아이들을 동등한 인격체로 존중하고, 비난하거나 상처 주는 말은 멈출 수 있는 삶의 지혜를 익히는 것이다.

마음을 읽어주는 부모와 교사의 태도에서 아이들은 사랑받고 있다고 느낄 것이다. 사랑은 아이들이 이 세상을 건강하게 살아갈 수 있게 해주는 힘이 된다. 부모와 교사는 아이들의 생각을 이끌어 행복한 세상으로 안내자 역할을 해야 한다.

04
마음을 그리는 미술

토요미술 아이들과 함께했던 수업에서 있었던 일이다.

"애들아, 오늘은 '마음 그리기' 시간이란다. 먼저, 에너지를 체크하자. 오늘은 얼만큼의 에너지를 가지고 왔을까?"

"저는 10이요", "저는 7이요."

"오호! 그렇구나. 이유가 궁금하네."

이렇게 이야기하는 순간부터 일주일에 한 번 만나는 아이들은 그동안 있었던 이야기를 풀어놓는다. 그리고 나서 아이들과 함께 읽고 나누는 '마음 그리기 시간'에 관한 책을 읽는다.

"감정은 느끼는 것도 중요하지만, 표현하는 것도 중요해. 그러니 우리 현재 내 기분과 마음을 감정으로 표현하는 방법을 배우자."

"오늘은 '행복'에 대해 나눠보자."

《42가지 마음의 빛깔》에서는 '행복'에 대해 이렇게 소개한다.

'행복을 느끼는 순간은 사람마다 다르단다. 자기 삶에서 충분한 만족과 기쁨을 느낄 때, 또 가장 좋은 기분을 느낄 때 우리는 행복하다고 말하지. 무엇이 너를 행복하게 해줄까?

아름다운 꿈을 꾸며 잠잘 때, 엄마 품에 푹 안겨 있을 때, 어려운 문제를 혼자 힘으로 풀어냈을 때, 시원한 바람을 느끼며 산책할 때…. 너를 행복하게 해줄 수 있는 것들은 정말 많아. 작은 기쁨이 모여서 행복이 되기도 한단다.'

"너희들은 무엇이 행복하게 해주니?"
질문에 대한 생각을 글과 그림으로 표현하라고 했다.

내 생각을 그림으로
표현한다.

"좋아하는 그림을 그릴 때
행복해요."

"하고 싶은 게임을 할 때
행복해요."

"스테이크 먹을 때
행복해요."

"똥, 쌀 때 행복해요"라며 변기에 앉아있는 모습이 귀엽다. | "좋은 꿈 꿀 때 행복해요." | "가족들과 같이 있을 때 행복해요."

"그렇구나. 좋아, 이제 생각한 것을 오늘 준비된 재료로 만들어보자."

아이들은 클레이를 가지고 자신이 생각한 감정들을 '조물조물' 표현해 내는 동안 집중한다.

또 다른 아이들과 있었던 일이다.

"오늘 마음 그리기 주제는 '포근함'이란다. '포근함' 하면 무엇이 떠오르니?"

"침대, 이불…."

아이들은 포근함에 관해 이야기 나누면서 포근함이 안아주고 싶다는 느낌과 비슷하다는 것을 알게 됐다. 아이들끼리 비슷한 경험을 나누며 여러 가지 재료와 도구로 만들기가 시작됐다. 그런데 갑자기 환이가 칼로 작은 나뭇가지의 껍질을 벗겨냈다. 나는 환이가 불안해 보였다.

"앗, 조심하렴!"

환이는 지난여름에 학교에서 칼을 사용하다가 다친 적이 있다. 그래서 한 달간 손가락에 붕대 깁스해서 미술공방 수업에 참여하지 못했었다. 내가 칼 사용을 제한시켰더니 환이가 기운이 빠진 듯한 목소리로 말했다.

"선생님이 내 '포근함'을 가져갔어요."

나는 아차 싶어서 환이의 마음을 인정하며 말했다.

"환이의 포근함을 가져가서 미안해. 선생님은 칼이 위험해 보여서 불안해. 그리고 지난번에 손가락 다쳐서 결석했던 일도 떠올랐거든. 딱딱한 나무 말고 지우개나 컬러믹스는 어떨까?"

환이는 이내 "좋아요"라며 내 제안을 받아들였고, 부드러운 천과 물감, 철사를 가지고 집중력을 발휘해 자신만의 포근함을 표현해냈다. 그 이외에도 글루건과 여러 가지 나뭇조각, 털이 있는 부드러운 천 조각, 클레이 등등의 재료를 가지고 열심히 작업하며 몰입했다.

수업이 끝난 뒤 내가 환이에게 물었다.

"오늘의 에너지는 몇이니?"

"10이요. 재미있었어요!"

나도 그 한마디에 에너지가 '10'이 됐다.

아이들과 수업시간마다 체크하는 에너지는 '0~10'으로 설정해뒀다. 그런데 환이는 수업에 참여할 때마다 낮은 에너지를 표현하곤 했다. 그때마다 '지쳐서, 배고파서' 등등의 이유를 말했지만, 이것은 겉으로 표현하는 언어다. 마음이 무슨 말을 하는지를 귀 기울여야 한다. 환이의 엄마는 자녀와의 소통을 원했고, 마음을 읽어주는 미술수업을 기대하며 나를 찾아왔었다. 그리고 가끔 아이가 심리와 행동에 문제가 있다고 생각될 때, '우리 아이를 어떻게 대하면 좋을지'에 대해 상담을 청하기도 했었다.

나는 아이의 마음을 그리는 미술으로 도움을 주기로 하고 몇 가지 원칙을 정했다.

> 첫째, 아이의 장점을 찾아주자.
> 둘째, 아이와 마음의 거리를 좁히자.
> 셋째, 아이의 마음을 읽어주자.
> 넷째, 아이를 몰입하게 해주자.

첫째, 아이의 장점을 찾아주자.

아이들에게 잘하고 좋아하는 일을 말하게 하고 직접 적어보게 한다. 처음에는 5개도 어렵다. 하지만 '이런 것도 장점인가?' 하는 사소한 것까지 찾아본다. 이렇게 장점 개수를 늘려가면서 점차 자기 자신을 사랑하게 된다. 또한, 자신감을 회복하게 해준다.

둘째, 아이와 마음의 거리를 좁히자.

첫인상은 만난 지 3초 만에 결정된다. 이렇듯 중요한 첫인상을 다시 회복하려면, 통계적으로 33회의 만남이 있어야 가능하다고 한다. 아이를 만날 때, 웃음으로 맞이하고 공통의 관심사를 살펴본다. 게임을 즐기는 아이에게 무조건 "안 돼"라고 교육적인 말을 하기보다는 자주하는 게임에 대해 알아보고 관심 있게 이야기를 나누는 것이 마음의 거리를 좁혀주는 데 도움이 된다.

셋째, 아이의 마음을 읽어주자.

아이의 마음을 읽어주려면 '관찰'과 '공감'이 필요하다. 관찰로 아이가 무엇이 필요한지, 무엇을 원하는지 알 수 있다. 그리고 거울을 쳐다보는 마음으로 아이의 마음과 이야기에 귀를 기울이며 공감한다. 웃는 아이와는 같이 웃어주고, 슬픈 아이와는 같이 울어주고, 화난 아이에게는 같이 화를 내줄 수 있는 자세가 공감을 불러일으킨다.

넷째, 아이를 몰입하게 해주자.

마음을 그릴 수 있는 환경과 분위기가 중요하다. '몰입'을 할 수 있게, 즉 깊이 파고들어서 빠져들도록 흥미 있는 재료와 주제를 제시하는 것이다.

초등학교 저학년에 미술공방을 시작한 아이들은 중학교 진학할 때까지 미술수업을 함께했다. 그중 3학년 때 미술공방을 찾아온 환이도 6학년까지 꾸준하게 함께 활동했다.

05
단 하나의 정답이
존재하지 않는 것이 미술이다

"모두가 가야 할 단 하나의 길이란 아예 존재하지 않는다."

- 니체

막내아들이 초등학교 4학년 때부터 '테니스'를 시작하면서 본격적인 운동선수의 삶을 살아가게 됐다. 중학교, 고등학교 시절을 지나면서 고3 때는 대학교 진학의 길과 실업선수의 길, 두 갈림길에서 잠시 생각하게 됐다. 다행히 남편과 내 교육관은 같았고, 남들이 간다고 무작정 따라가는 길이 아닌, 어떤 길이 아들에게 도움이 되고 기쁘며 행복할 것인가를 생각했다. 그렇게 막내아들과 함께 선택한 길은 실업팀에 소속된 선수의 삶이었다. 현재는 실업팀의 3년 차 선수다. 막내아들이 즐겁게 삶을 살아가는 모습을 바라보며 나와 남편은 흐뭇하다.

우리는 비슷비슷한 모습으로 살아가고 있다. 하지만 어떤 마음과 어떤 시각이냐에 따라서 똑같은 상황이나 사건이 달라질 수 있다. 특히, 매일 매일 출근하고 퇴근하는 직장인의 삶은 조금 무료할 수 있다. 나도 육아와 병행한 직장 생활이 매일 즐겁지만은 않았다. 그러나 생각을 바꾸니 삶이 즐거워졌다.

출근 시간을 10분만 앞당겨 길을 나서면 아침의 상쾌함을 맛볼 수 있었다. 그렇게 출근하는 길에 빵집에 들러 갓 구워낸 고소한 빵을 사 들고 직장에서 동료들과 나눠 먹었다. 먼저 출근해서 갖는 여유로움으로 동료들로부터 '고맙다'라는 말을 들으면 종일 기분이 좋았다.

가끔은 집에서 아침 식사를 넉넉하게 만들어서 직장에도 가지고 갔다. 아침 식사를 거르고 오는 직장 동료에게 나눠 줄 생각에 출근길이 설렌다. 한 직장에 14년을 다니면서, 같은 장소에 있는 직장을 나는 출근길과 퇴근길을 다르게 다녔다. 오늘은 직진으로, 내일은 우회전으로, 또 다른 날은 좌회전하며 다른 길로 다녔다.

이런 작은 변화에서 오는 기쁨은 내 삶을 행복으로 만들었다. 그런 여유와 즐거움은 마음을 열고 교실의 아이들을 사랑스럽게 바라보며 대할 수 있게 했다. 그리고 아이들의 행동에는 그들만의 이유가 있다는 것을 관찰하고 공감하며 이해하는 데 많은 도움이 됐다.

'아이들은 그림으로 말한다'라는 말이 있다. 그것은 아이가 어릴수록 생각과 마음을 표현하기에 그림이 쉽기 때문이다. 나는 아이들이 그림에서 말하는 '마음'을 더욱 잘 읽고 싶어서 '미술치료' 수업을 듣기 시작했다. 점점 아이들의 그림이 더 이해가 됐다.

'산' 그리기 시간을 예로 들면, 봄을 기억하는 아이는 가득 핀 꽃을 노란색과 분홍색으로 표현하고, 여름을 기억하는 아이는 초록색으로 표현한다. 또한, 가을의 단풍을 기억하는 아이는 붉게 표현한다. 그래서 "왜 초록색으로 그리지 않았어?"라고 단정 지어 묻기보다는, "노란색인 이유가 궁금하네"라거나 "빨간색인 이유가 궁금하네"라며 대화를 해나가야 한다. 상상력과 엉뚱함으로 표현해내는 아이들의 작품을 인정해주는 데서 소통이 이뤄진다.

토요 미술수업이 있던 날, 8세인 원이는 주어진 클레이와 휴지심, 나뭇가지 등을 이용해 '내가 생각하는 행복'에 대해 만들기를 했다. 만들기가 끝나자 질문하고 말하는 것을 적어봤다.

"피라미드와 올빼미가 행복을 생각나게 해요. 피라미드는 멋지니까요. 그리고 올빼미는 멀리 잘 볼 수 있어서요"라면서 휴지심으로 가위질하더니 올빼미를 만들어 피라미드 위에 올려놓는다.

"원이가 올빼미라면 무얼 보고 싶어?"

"동물들이요."

"그래, 어떤 동물들인지 궁금하구나."

"용이요. 제가 용띠라서요."

"아하, 그렇구나!"

"막대 스틱으로 되어 있는 졸라맨은 '기쁨'이에요."

"언제가 기쁨일까?"

"TV에서 재미있는 걸 볼 때요."

"두 번째는 '슬픔'이에요."

"그럴 때가 언제일까?"

"엄마가 때릴 때…."

"그럴 때 기분은 어떨까?

"짜증 나요."

"그렇구나. 그런데, 엄마는 왜 그러셨을까?", "제가 말 안 들었어요."

"행복나무는 가까이에 있으면서 행복을 줘요. 파란색은 줄기, 잎사귀는 빨간색이에요. 열매는 없고 꽃은 검은색으로 만들었어요."

"이건 쿠키예요. 맛있어요. 그래서 행복해요."

 마음의 안정을 주는 말랑말랑한 질감의 클레이는 원이가 작업하는 동안 즐거움과 재미를 줬다. 언뜻 보면 클레이를 뭉쳐놓은 것처럼 보인다. 하지만, 단순히 결과물을 가지고 이야기 나누기보다는 아이가 무엇에 관심이 있고, 또 무엇에 힘들어하는지, 어떠한 추억을 소중하게 생각하는지에 대해 진지하게 이야기 나누며 아이들의 감정과 표현을 존중해줘야 한다. 특히, 단하나 정답이 존재하지 않는 것이 미술이라는 것을 느끼게 해주는 것이 중요하다.

나는 부모님으로부터 아이들이 칭찬을 받을 수 있도록 결과물을 가치 있게 만들어줬다. 왜냐하면, 부모로부터 아이가 인정과 칭찬받는 과정으로 아이의 자존감이 자랄 수 있는 귀한 시간이기 때문이다.

아이의 자존감을 높여주기 위해 부모들도 같은 마음, 같은 생각, 같은 시각이 필요하다. 그래서 나는 '아이의 발달을 알고 아이의 마음을 읽어줄 수 있는 대화법'을 주제로 월 2회 부모교육을 진행했다. 꾸준하게 믿고 따라줬던 엄마들이 있어서 아이들의 자존감을 높이는 데 도움이 됐다. 특히, 아이들의 각자 다른 시각과 다른 모습을 인정해주며, 단 하나의 정답이 아니라 다양성을 읽어주는 좋은 시간이 됐다.

06
'다르다'와 '틀리다'

교실에서 눈에 확 띄거나 부모들의 칭찬을 받는 그림의 특징이 있다. 바로 색감이 두드러지거나 주인공을 크고 자세히 그리는 그림이다. 아이들에게 주제를 주고 그림을 그리라고 하면, 과감하게 쓱 그리는 아이가 있는 반면에 주저하며 시작도 못 하는 아이도 있다. 이럴 때는 서로 다름을 인정하고 격려해주는 것이 필요하다. 그리고 아이들의 발달과정과 주변 환경을 이해하고, 조형 활동인 미술은 선생님과 똑같이 표현하는 것보다 선생님과 다르게 표현해야 인정받는다는 것을 느끼도록 도와줘야 한다.

우리가 흔히 이야기는 하는 '다르다'와 '틀리다'는 쉽게 '반대말'로 생각해보면 이해가 빠르다.

다르다 ↔ 같다
틀리다 ↔ 맞다

'다르다'는 비교 대상이 다름을 인정하고 이해할 때 사용하는 표현이고, 상대를 배려하는 마음에서 비롯한다. 형제간에도 서로 다른 부분이 있다. 나는 세 아들을 키울 때 확실히 느꼈다. 큰아이는 어렸을 때 호기심이 강하고 직접 경험한 것만 인정하고 수용하는 경향이 강했다. 무언가를 하기 전에 "OO 하면 안 돼요?"라며 의사 타진을 했고 에너지와 승리욕이 강했다.

둘째 아이는 자기 의견을 주장하기보다 전체적인 분위기를 탐색하며 자기의 경험과 감정을 표현했다. 자기 할 일을 정확하고 성실하게 해놓는 편이라서 걱정이나 잔소리를 할 일이 거의 없었다.

막내 아이는 자기만의 색깔이 독특하고 호기심이 강했다. 스스로 결정하는 면이 있어서 하고자 하는 것이 있으면, 주장하기보다는 먼저 하고 나서 탐색하는 경향이 있었다.

이렇듯 같은 남자아이라도 성격유형에 차이가 있다. 그래서 아이들을 키우며 서로 다른 성향을 인정하고 이해하며 각기 다른 반응을 하며 키웠다.

사람마다 타고나는 기질과 생김새가 다 다르듯이 성격의 차이도 다양하다. 이런 부분을 인정하고 이해하려면, 아이의 발달과 기질 그리고 주변 환경에 대한 이해가 있어야 한다. 그만큼 깊이 관찰하고 이해하는 것이 중요하다.

그런데 보통은 나와 생각이나 성향이 다를 때, "당신은 틀렸어. 내가 맞지"라면서 인정하지 않고, '도대체 왜 저래'라고 생각한다. 이것은 상대에 대한 이해가 부족해서 그렇다. '상대방은 이렇구나', '나와는 다르구나'라고 생각하면 화가 나기보다는 이해하게 된다.

대부분의 사람들은 상대방이 나와 다르면 참아버리고, 참다가 더 이상 안 되면 피해버린다. 피하다 못 참으면 공격하기도 한다. 그러나 참으면 상대에게 나쁜 기운이 그대로 간다. 그래서 참는 게 아니라 '상대방이 나와 다르구나'라고 인정하고 받아들여야 한다.

나는 우리 아이들이 어렸을 때 맞벌이 부부였다. 그래서 가끔 친정엄마 찬스를 쓰곤 했다. 그때 '나와 다르구나'가 잘 인정 안 됐던 일이 있었다. 바로 친정엄마와 식사준비를 할 때다. 친정엄마는 음식을 할 때, 하나 하고 치우고, 또 하나 하고 치우신다. 특별한 행사가 있을 때는 며칠 전부터 시장에 다니시면서 준비를 하신다. 그러다 보니 친정엄마는 내가 음식을 하면, "하나 하고 치우면서 해라"라고 하신다.

나는 식사준비를 할 때, 먼저 할 것과 뒤에 할 것 등의 순서를 생각하며 아주 빠르게 재료를 손질하고 조리한다. 누군가 집에 오거나 행사가 있을 때도 빠르게 준비하고 차려놓는다. 물론 식사준비는 잘됐지만, 부엌과 주변이 재료 손질했던 것과 그릇들로 가득했다.

그러다가 '서로 다르다'는 것을 수용하는 계기가 있었다. 그건 생각을 바꾸는 일이었다. 나는 요리에만 집중하고 나중에 치우는 것이 편한 사람이고, 친정엄마는 요리하면서 치우는 깔끔하신 분이라고 인정하고 이해하게 됐다. 그러자 서로의 다른 점이 장점으로 여겨지면서 가치 있게 생각됐다.

그리고 우리 아이들은 천천히 오랫동안 요리하는 '외할머니 표 된장찌개'가 깊은 맛이 있어서 가장 맛있다고 한다. "어머니! 우리 아이들이 어머니가 하시는 된장찌개가 제일 맛있데요"라고 말씀드렸더니, "올해는 된장을 담을까 말까 고민했는데 담아야겠구나"라며 웃으셨다. 서로 다름을 인정하는 일로 어머니께 생활의 기쁨과 삶의 소망을 드릴 수 있었다. 이후에 아이들을 교육할 때 '다르다'를 더욱 의식하게 됐다. 특히, '캘리그라피' 수업에서 '다르다'와 '틀리다'를 강조한다.

내가 수업을 진행하고 있는 '캘리그라피'를 잠깐 소개하면, '캘리그라피(Calligraphy)'란 단어의 어원은 그리스어다. '아름다움'을 뜻하는 '칼로스'와 '서체/글쓰기'를 뜻하는 '그라페'의 합성어에서 비롯된 것으로 아름다운 서체거나 아름다운 서체를 쓰는 예술이다.

동양과 서양의 캘리그라피는 문자를 조형적으로 아름답게 만드는 것을 목표로 하는 점에서는 같다. 그러나 동양과 서양의 캘리그라피는 도구에서 크게 차이가 나면서 다르다. 서양의 전통적인 필기도구는 '펜'인 반면, 동양의 전통적인 필기도구는 붓으로, 그 차이가 난다.

또한, 서예는 문방사우(文房四友)를 기본 도구와 재료로 한다. 옛날부터 문인의 서재를 '문방(文房)'이라고 했다. 그리고 문방에 구비하는 기본적인 종이(紙), 붓(筆), 먹(墨), 벼루(硯)를 문방사우(文房四友)라고 했다. 언뜻 보면 비슷해 보이지만 '캘리그라피'는 도구와 재료의 제한이 없이 사용되고, 자유로운 형식으로 추구하는 부분이 많이 다르다. 붓으로 사용되는 다양한 도구들이 다양한 감성의 글씨를 표현해주기에 캘리그라피는 주변에서 쉽게 구할 수 있는 도구가 사용되면서 창의적이고 자유로운 작품의 결과물을 낼 수 있다.

예를 들면 나뭇가지, 면봉, 나무젓가락, 파스텔, 유성펜, 포크 등등에 먹물을 묻혀서 글씨를 쓸 수 있다. 거기에 더해 종이의 특징과 질감에 따라 글씨의 느낌이 달라진다. 그래서 다양한 종이를 선택해 글씨를 쓰는 활동이 아이들에게 사고의 확장과 다양함을 인정해주는 역할이 된다. 여러 가지 재료와 도구로 마음을 표현해보는 캘리그라피 수업은 어린아이부터 성인까지 누구든지 자기감정과 느낌을 주어진 재료와 도구로 경험할 수 있는 시간이다.

도구가 주는 다양성과 기법이 정해진 것이 아니라 여러 가지가 있다는 것을 경험하며, 이 시간으로 '다르다'를 경험한다. 어떤 재료를 쓰는지에 따라 글씨의 느낌이 달라지고, 어떤 내용을 쓸지에 따라서 재료가 달라질 수 있는 경험은 색다른 경험의 기분을 준다. 재료에 따라서 두드리기, 찍어내기, 번지기, 굴리기, 튀기기, 왼손 사용하기 등을 표현하며 생각의 확장과 창의력이 발달을 돕는 재미있는 활동 시간이다.

캘리그라피 활동으로 아이들은 상대와 다르게 표현하는 것을 인정하는 법을 배운다. 이런 사고의 전환은 먼저 '다름을 인정하기'다. 서로가 다른 것이지 틀린 것은 아니라는 생각을 키워주는 활동으로, 아이들의 그림은 틀리지 않고 성향이 다르다는 것을 인정해주는 것이다.

 아이들끼리 그림을 그리거나 만들기 작업을 할 때, "너는 왜 이렇게 그렸어?", "너는 왜 손이 없어?"라며 상대가 자신과 다르게 표현한 것에 부정적으로 말하는 경우가 있다. 이때 교사의 반응하는 언어가 매우 중요하다.

 전시회의 작품을 감상할 때도 작가의 의도와 작품설명을 듣게 되면, 훨씬 더 그림과 작품의 이해도가 높아진다. 이처럼 아이들과 그림을 그리고 작품을 만들고 나서 함께 감상의 시간을 갖는 것이 필요하다. 교사는 아이들이 직접 표현할 수 있게 기회를 주고, 아이들의 생각과 표현을 존중하면서 함께 작업하는 아이들의 시각과 생각이 '다르다'는 것을 인정해주는 시간으로 바꿀 수 있다. 서로 다른 그림 찾기를 하거나 상상력을 키워주는 활동을 전개하면, '아이들은 서로 공통점도 있지만 다른 점도 있구나'를 느끼게 되면서 즐겁게 받아들이는 기쁨을 맛볼 수 있다.

07
목적이 없는 즐기는 놀이

놀이란 무엇일까? 지식백과에서는 놀이의 말뜻을 '생활상의 이해관계를 떠나서 자발적으로 참여하는 목적이 없는 활동으로서 즐거움과 흥겨움을 동반하는 가장 자유롭고 해방된 인간활동이다'라고 정의한다. 다시 말하면, 놀이는 '재미'와 '자유로움'이 함께하는 것이다. 사람들은 누구나 놀이를 즐기고 좋아한다. 그러나 아무리 훌륭한 놀이라도 재미와 자유로움이 없으면 고된 노동으로 느껴진다. 그리고 어떤 목적 없이 즐기는 놀이는 우리에게 새로운 힘을 주고 즐거움을 준다. 특히, 아이들과 함께하는 시간은 더욱 그렇다.

아이들과 함께하는 건 축복이다. 깔깔거릴 수 있고, 무얼 해도 행복하고 신나는 일이다. 설렘과 즐거움으로 아이들과 약속했던 1박2일 캠프를 떠났다. 캠프 장소에 도착하자마자 아이들과 의견을 나누며 프로그램소개와 규칙 만들기를 했다.

1박 2일 캠프 동안 아이들과 함께 목적 없이 마음을 다해 즐기기로 했다. 놀이할 때는 다른 사람이 나를 어떻게 보는지 신경 쓰지 않고 편하고 평화롭게 지금 이 순간을 즐기고 놀이에 집중하며 재미를 위해 놀기로 했다. 그런 마음을 주고받으며 아이들과 1박2일을 외치고 짐 정리를 했다. 그때 문득, 한 아이가 무언가를 열심히 메모하는 모습이 눈에 들어 왔다.

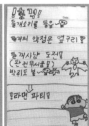

'뭘 기록했을까?' 하고 보니 함께 이야기 나눴던 1박2일의 일정을 메모했다. 함께 정했던 규칙을 기록으로 남겨 놓는 주도적인 모습이 인상적이다.

미술공방에서는 계절마다 요리수업을 했다. 아이들은 요리시간을 참 좋아했다. 그래서 캠프에서 저녁 식사를 아이들이 직접 준비하기로 했다. 메뉴는 '캘리포니아 김밥'이다. 각자가 맡은 역할대로 준비했다.

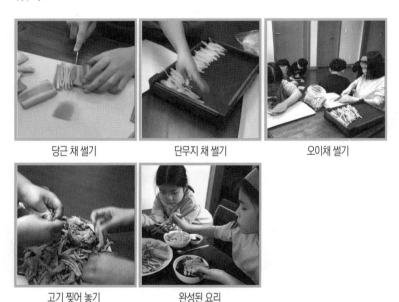

당근 채 썰기   단무지 채 썰기   오이채 썰기

고기 찢어 놓기   완성된 요리

2명이 한팀으로 '캘리포니아 김밥'을 완성해 먹었다. 스스로 뿌듯함을 느끼며 맛있는 저녁 시간이었다. 식사가 끝나서 정리정돈을 할 때도 주도적으로 치우는 모습을 보며 칭찬했다.

드디어 아이들이 기다리던 게임 시간이 됐다. 여러 차례 놀이시간마다 함께 놀이해줬던 남편을 아이들은 무척 기다렸다. 회사 일을 마치고 바삐 캠프에 참여해준 남편 덕분에 아이들과 함께 즐겁고 신나는 시간을 보낼 수 있었다.

승패가 있는 이기고 지는 게임이 아니라 수건으로 눈을 가리고 방안에서 즐기는 숨바꼭질 놀이는 아이들에게 유쾌한 웃음을 만들어

냈다. 그리고 유연한 사고의 확장을 돕는 문제풀이는 아이들이 똘똘 뭉치는 계기가 됐다. 잠깐의 짬 시간에도 아이들은 놀이를 즐기며 쉬지 않고 즐거움을 찾아 활동했다.

밤이 깊어지자 밖으로 나가서 밤하늘의 별을 쳐다보며 별자리 이야기를 나누다가 숲 속을 걸어보는 담력 훈련까지 진행되자 아이들의 즐거움과 흥미로움은 가득해졌다. 잠을 자는 시간이 아까워서 버티던 아이들이 어느새 잠이 들었다.

그러다가 다음 날 아침, 일찍 일어난 아이들은 혼자 놀이에 푹 빠져 그야말로 목적 없이 자유롭고 즐겁게 시간을 보냈다. 아침 체조로 몸을 풀고 신체 활동이 이어지고 1박2일의 즐거움이 또다시 시작됐다. 누가 시키지 않아도 사용했던 장소를 정리하고 쓰레기 분리수거까지 해내는 아이들의 모습을 보며 믿고 기다려 주는 것이 매우 중요하다는 것을 새삼 느꼈다.

미술공방에 오는 아이들이 가장 하고 싶은 활동을 조사해봤다. 그랬더니 1순위는 야외 활동이었다. 활동량과 에너지가 많은 남자아이들이 대부분이기도 하고 아이들은 놀면서 배운다. 흙을 만지고 나뭇가지와 돌멩이를 가지고 노는 동안 아이들은 정서적으로도 굉장히 편한 안정감을 느낄 수 있다.

특히, 제주의 아름다운 자연과 함께하는 시간이 아이들에게는 큰 선물이다. 또한, 이 시간이 아이들의 마음을 따뜻하게 만들어주기 때문에 현대사회를 살아가는 아이들에게 마음이 건강해지는 귀한 놀이 시간이다.

08
즐겁게 놀면 놀수록 공부가 된다

창의력을 키우는 데 가장 중요한 것은 무엇일까? 바로 '놀이'다. 유아기부터 다양한 놀이로 아이들이 인지능력과 감성능력을 지닐 수 있다.

우리 아이들은 어렸을 때 두뇌를 자극하는 놀이를 재미있게 했다. 아들만 셋인 우리 집은 아파트 5층에 산다. 당연히 "뛰지 마라"라는 말이 쉬울 수 있는 환경이지만, 가능하면 부정적인 단어는 쓰지 않았다. 대신, 남편은 아이들과 함께 손가락으로 총을 만들어서 방문 뒤에 숨거나 벽 모퉁이에 숨어서 상대를 먼저 발견하면 목소리로 '빵' 하고 상대를 아웃시키는 '소리 없는 총싸움' 놀이를 개발해 저절로 숨을 죽이고 게임을 했다.

　게임을 하는 동안 이기려면 어떻게 해야 하는지 저절로 생각하게 됐다. 숨을 죽이고 상대에게 눈에 띄지 않게 몸을 숨기는 방법을 연구하고, 숨어있는 동안은 기다리는 인내심을 갖게 한다. 두 팀으로 나눠서 하면서 협력하는 법도 배울 수 있고, 이겼을 때 기쁨을 느낄 수 있었다.

　그리고 아파트 놀이터에 사방치기를 만들어서 전통놀이를 경험하며 신체의 조정력과 균형을 키워주는 놀이를 했다. 또 외출하기 위해 주차장에 가서 가족들을 기다리는 짧은 시간 동안 축구와 테니스를 하면서 배려하는 법을 배우기도 했다. 즐겁게 놀이하면서 배우게 되는 '지혜의 공부'를 경험하게 됐다.

　마리아 몬테소리는 "아이들에게 자유롭게 하늘을 나는 법을 알려 줘라"라고 말했다. 아이들은 놀이가 곧 교육이다. 아이들의 자발적이면서 통합적인 놀이가 뇌를 자극하며 건강한 성장을 돕는다. 어릴 때부터 재미있고 좋아하는 일을 자주 하면, 마음이 편해지고 놀이에 몰입하면서 감성능력도 발달한다. 몰입 놀이를 하면, 스트레스가 해소되고 사회성이 발달하며 문제해결능력이 생긴다. 거기에 더해 게임과 놀이에서 서로 의견교환과 타협, 양보를 배우게 되는 좋은 점이 있다. 재미있는 일을 즐기고 만들어내는 것에서 생기는 창의력과 감성능력은 4차 산업시대와 로봇의 인공지능 능력도 넘볼 수 없는 고유한 영역이다.

 미술공방에 오는 아이들은 여러 가지 프로그램 중에서 '야외 활동'을 가장 좋아한다. 지난여름, 제주에 살고 있음을 감사하게 느꼈던 일이 있었다. 그날은 각자 출발해서 약속한 시간과 장소에서 만나기로 했다. 전날에 비가 왔고, 아침에도 흐린 날씨였다. 가는 길에 한두 방울의 비까지 내려 마음이 쓰였다. 그러나 도착한 제주 서쪽에 있는 금릉 바닷가는 맑은 날씨여서 안심이 됐다. 미리 자리 잡고 있었던 한이 엄마의 텐트 그늘막과 민이 아빠의 캠핑의 오랜 실력으로 아이들의 보금자리가 곧 마련됐다.

 아이들은 호기심 가득한 눈으로 바다를 감상하더니 곧 모래밭에서 꽃게와 모래게를 발견했다. 의경으로 군 복무하며 금릉 바다를 지켰다는 윤이 아빠는 자부심 가득한 마음으로 아이들과 함께했다.

또 아들 셋과 놀이하며 놀이 전문가가 된 남편의 도움으로 아이들은 신이 났다.

집게를 이용하는 아이, 장갑을 끼고 돌멩이를 들춰내는 아이, 바구니를 들고 다니는 아이, 아이들은 자기만의 방법으로 협력하고 지혜를 모아서 꽃게와 모래게를 잡아왔다. 라면 물을 끓이는 동안 아이들은 눈치게임, 구호 외치기를 했다. 바다에는 아이들의 깔깔거리는 웃음소리가 가득했다. 게임 상품은 라면에 넣을 오징어, 전복, 어묵이다. 바다가 선물한 미역, 톳, 청각을 넣고 조별로 라면을 끓였다. 게임에서 이긴 팀이 선택한 상품으로 끓인 라면은 어묵 라면이고, 게임에서 진 팀은 선택해 끓인 라면은 오징어 라면이다.

꽃게를 잡고 아이들이 직접 조별 친구들과 의논하며 끓여낸 라면
도 먹고 게임을 하며 신나는 시간을 보내고 나니 해가 저물었다. 아
름다운 노을을 바라보며 하루를 마무리하는 감사한 하루를 보냈다.

생텍쥐페리의 《어린 왕자》 중

"너희들로 덕분에 즐거웠단다. 너희들도 즐거운 시간으로 재미있
는 추억을 기록했겠지? '서로 길들여진다는 것은 너와 내가 친구가
되는 거야, 중요한 것은 눈에 보이지 않아'라고 《어린 왕자》에 나오는
이야기가 있어. 앞으로 저녁노을을 볼 때면 언제나 이 시간이 생각
날 거야. 그리고 언젠가 너희들이 다시 금릉 바닷가를 찾았을 때 오
늘을 기억해준다면, 선생님은 무척 기쁠 거야."

《내 아이의 잠재력을 폭발적으로 성장시키는 놀이의 힘》에서는
'놀이는 '올바른 어른'으로 성장해 나가는 데 있어 가장 중요한 연결
고리이자 배움과 지식을 이어주는 끈이다. 충분히 논 아이들은 무언

가 배울 힘을 갖게 되고, 스스로 학습할 수 있는 능력을 키우게 된다. 이것이 '진짜 놀이'의 정의이자 올바르게 성장하도록 만드는 가장 큰 밑거름이다'라고 했다.

09
틀린 답을 말해도 괜찮아

  '괜찮다'라는 말은 국어사전에서 '별로 나쁘지 않고 보통 이상으로 좋다', '탈이나 문제, 걱정이 되거나 꺼릴 것이 없다'로 풀이하고 있다. "괜찮아", 괜찮아질 거야"라는 말은 주로 어떤 어려움에 부닥친 사람에게 위로와 용기를 주는 말로 사용된다. 따뜻한 마음을 담아서 하는 말로 난감한 상태의 사람을 감싸주는 참 좋은 말이다.

  '괜찮아'라는 말은 상대도 위로해주지만, 내게도 힘이 되는 말이다. 이 말은 우리의 관점을 바꾸게 해준다. 예를 들면, 갑자기 친구가 약속을 취소했을 때 관점을 바꿔 "괜찮아. 자유 시간이 생긴 것이다"

라고 하고, 소풍 가려는데 비가 온다면 "괜찮아. 책 읽는 시간이 생긴 것이지"라고 하면, 삶이 더욱 유익해질 것이다. 결국, 마음먹기에 달렸다.

내 자녀들이 7세, 4세, 24개월일 때 재취업을 해서 유치원교사로 근무했다. 6년간 육아로 경력단절이었다가 다시 일하면서 얻는 성취감과 즐거움이 있

었다. 그러나 가끔은 유치원에서 퇴근해 집으로 왔을 때, 다시 어린 이집으로 출근하는 느낌을 받기도 했다. 좋은 엄마도 되고 싶고 훌륭한 교사도 되고 싶은 욕심과 강박감이 있었다.

나는 성격상 직장에서 약간의 강박처럼 최선을 다한다. 아침 일찍 출근해서 수업 시작을 위해 분주히 움직이다가 아이들이 등원하면 종일 반 아이들과 함께하며 시간을 마무리할 때까지 열정적으로 지냈다. 마지막으로 교실 청소를 하며 내일을 준비하는 것이 매일의 일과였다.

그런데 막상 퇴근해서 집에 오면 세 아들과 또 다른 시작이 된다. 퇴근해서 현관문을 열면 먼저 눈에 들어오는 것은 어질러져 있는 집 안의 모습이었다. 그리고 아이들의 방과 후를 돌봐주시던 친정엄마의 걱정스러운 잔소리가 나를 반긴다. 그때는 친정엄마의 잔소리가 싫어서 무조건 아이들을 혼냈다. "너희들이 이렇게 하면 할머니가 힘드시다"라고 말이다.

부모교육지도자과정을 공부하며 '괜찮아. 아이들이 사이좋게 놀고 있어서 참 다행이다. 감사한 일이네'라고 깨닫게 됐다. 그래서 관점을 바꾸는 일을 좀 더 일찍 알았더라면 참 좋았겠다는 생각이 든다. 그래도 좋은 엄마와 훌륭한 교사가 목표였기에 내가 변할 기회를 찾았다.

관점을 바꿔 '괜찮아. 아이들을 사랑한다는 것만으로도 난 이미 충분히 좋은 엄마야'라고 나 자신을 위로하면서 일과 육아에 치여 혼자만의 시간이 필요했을 때 공부를 시작했다. 특별히 이 시기에 시작했던 공부는 '미술치료'였다.

'여기에 집, 나무, 그리고 어떤 행동을 하는 사람의 전체 모습을 그리시오'라는 그림검사의 지시에 나는 혼자서 나무그늘에 앉아서 커피를 마시면서 책을 읽는 모습을 그렸다. 그림을 그리고 나서 나중에 이해하게 됐다.

직장과 집에서 늘 아이들로 둘러싸여 있는 현실의 내 모습보다는 직장과 집에서 혼자 있고 싶어 했던 마음을 표현했던 것이다.

그리고 '공부'라는 좋은 핑계로 나만의 시간을 만들었다. 다도교육,

몬테소리, 아동미술, 부모교육 지도자과정, 부모자녀대화법 등등의 지속적인 공부를 하면서 나만의 시간을 가졌다. 그리고 끊임없이 무언가를 배우면서 아이들을 더욱 잘 이해하고 교육하는 데 도움을 받았다.

관점을 바꾸고 마음먹기를 했더니 직장에서 일할 때는 직장의 일에 집중하게 되고, 집에 올 때 직장의 일은 가져오지 않고 오로지 내 아이들에게 집중할 수 있는 능력이 감사하게도 생겨났다. 생각의 분리가 잘 되면서 환경에 적응하게 됐고, '양보다 질이다'라는 생각으로 자녀교육에 더욱 집중할 수 있었다. 인간관계를 아름답게 풀어가는 훈련을 지속적으로 공부했던 경험이 많은 도움을 줬다.

교실의 아이들이 컵을 깨거나 물을 쏟았을 때도 먼저 교사의 눈치를 보지 않게 걸레사용법을 미리 가르쳐주고서 "괜찮아. 그럴 수도 있지" 하며 스스로 상황을 정리할 수 있게 도왔다. 아이들은 힘을 얻는 마법의 언어에 기분이 좋아진다. 그리고 미술 재료 앞에서 망설이며 선택을 주저하는 아이에게는 "괜찮아. 같이 해볼까?" 하고 용기를 주는 말이 마법의 말인 "괜찮아"다.

이렇듯 어려움에 부닥친 아이들에게는 용기를 주고 힘도 되는 말이고, 난처하거나 곤란한 상황의 아이들에게는 따뜻한 위로의 말이 되는 '괜찮아'를 적절한 상황에서 잘 사용한다면, 아이들은 이해를 받고 인정을 받으며 자신감 있는 아이들로 성장하는 데 큰 도움이 된다.

아이들을 격려하고 용기를 주는 나만의 방법이 또 하나 있다. 나는 그림 그리는 수업시간에 지우개를 찾는 아이들에게 "틀려도 괜찮아"라고 격려해주며 지우개를 사용하지 않고 마음껏 그림을 그릴 수 있는 환경을 제공했다. 처음 의도한 그림과 달리 삐뚤거리며 잘 그리지 못했다고 하는 아이들에게 삐져나온 선들을 이용해서 또 다른 그림으로 연결할 수 있게 아이들의 상상력을 격려했다.

그러한 상상력은 내가 경험했던 낙서의 힘이었다. 내가 어렸을 때, 틀린 글자를 썼는데 네모 칸으로 만들어 기차로 꾸몄더니 좋은 생각이라고 격려받았던 경험이 있었다. 그래서 나는 아이들을 교육할 때 "틀려도 괜찮아"라는 말과 함께 도움을 줬고, 아이들이 용기를 갖는 일을 경험할 수 있었다. 그림을 그리다가 처음 의도대로 되지 않아 실망하는 아이들에게는 다른 재료와 도구로 제공하며 '오브제' 활동으로 이어지게 도와준다. 특히, 말랑거리는 '클레이'는 아이들에게 집중력과 미적 감각 발달의 힘을 주고, 성취감을 느낄 수 있는 정말 좋은 재료다.

이렇듯 아이들의 자존감이 자랄 수 있게 하고 틀리더라도 자신감을 갖고 상상력을 발휘할 수 있게 해줘야 한다. 이런 경험들이 그림을 그릴 때만이 아니라 일상생활 속에서도 자신감을 갖고 어려운 상황에서도 쉽게 포기하지 않는 긍정적인 마음을 자연스럽게 생기게 해준다.

3

스스로 생각하는
아이로 자라게 하라

01
스스로 생각하는 아이로 자라게 하라

유치원에 근무할 때, 당시 7세인 서우라는 아이가 있었다. 서우는 신학기 초에 적응하기 어려워했다. 아침에 등원하면 교실에 들어가지 않고 복도에 종종 서 있었다. 가끔은 떼를 쓰며 폭력적으로 반응하기도 했다. 신입 선생님이 서우의 담임이었는데, 거의 매일 진땀을 흘리며 어려움을 겪었다. 그러다 이러저러한 이유로 내가 맡은 반으로 오게 됐다.

그 당시 나는 세 아이의 엄마이자 유치원 선생님 경력이 있었다. 내 경험을 살려 서우가 전입한 반에 적응하게 도와주려고 실외놀이를 자주 했다. 함께 게임을 하고 몸으로 부딪히며 서우가 나와 친구들과 친밀해질 기회를 자주 제공했다.

그러던 어느 날, 서우가 색연필로 색칠하기를 꼼꼼하게 하는 모습이 관찰됐다. 색칠하던 공간을 칠하고 또 칠하다가 그만 종이에 구멍이 나고 말았다. 그러자 더 세게 구멍에 색칠하다가 갑자기 울면서 종이를 찢고 떼를 썼다. 나는 서우에게 "새로운 종이를 줄까? 아니면 어떻게 도와줄까?"라고 물으며 도움을 주려고 다가섰다. 그러자 서우는 점점 감정이 더 격해져 발로 차며 우는 소리도 커졌다. 주변 아이들도 당황한 모습으로 바라봤다. 갑자기 일어난 일에 나도 당황했고, 어떤 말로도 상황을 종료시킬 수 없었다.

나는 서우를 한쪽으로 데려가서 꼬옥 안아줬다. 그리고 조용하고 따뜻한 목소리로 말했다.

"서우야, 선생님이 믿는 하나님께 기도해도 될까?"

서우는 잠시 진정이 됐는지 고개를 끄덕였다.

"하나님, 서우가 많이 화가 났어요. 마음을 어루만져주세요. 그리고 제가 알지 못하는 서우의 마음까지도 위로해주세요."

그랬더니 아까와는 다른 감정으로 엉엉 울면서 말한다.

"죽여버릴 거야."

깜짝 놀랐다.

'갑자기 무슨 이야기지?'

서우는 연이어서 이야기했다.

"아빠는 자기 맘대로 하면서 나는 못하게 하고!"

서우는 그동안 눌려 있었던 자기감정과 느낌을 이야기했다. 그러고 나서 많이 진정이 됐다. 그러자 물 한잔을 마셨고 나와 깊은 이야기를 나눴다.

"다음에는 화가 나면, 화났다고 이야기로 하자. 물건을 차거나 울기만 하면 다른 사람이 알 수가 없거든."

나는 서우의 말에 "진짜, 화났겠다, 슬펐지, 억울했지"라고 호응해주며 서우가 진정될 때까지 기다렸다. 그렇게 감정이 변화되는 모습을 바라보며 한 번 더 안아주고 나서 그 날의 일은 마무리됐다. 이후 서우 어머니와 여러 가지 생각과 마음을 나눴고, 함께 같은 마음으로 서우를 도왔다. 그러자 거짓말처럼 서우가 졸업할 때까지 폭력적이거나 떼쓰는 일은 일어나지 않았다.

나는 '집안이 화목하면 모든 일이 잘 이뤄진다'라는 뜻을 가진 '가화만사성(家和萬事成)'이라는 말을 참 좋아한다. '집 안의 중심은 부부이고, 화목한 분위기 속에서 자라나는 아이들은 그 어떤 물질보다 최고의 유산을 주는 것이다'라는 말에 공감한다.

아이들은 있는 그대로 존중받고 사랑받아야 할 존재다. 결코, 어른들의 기분이나 입장으로 좌지우지되는 대상이 아니다. 부모가 행복하면, 그 기운이 그대로 아이에게 전달되어 행복한 아이가 된다. 그 이상 훌륭한 부모교육은 없다고 해도 과언이 아니라고 생각한다.

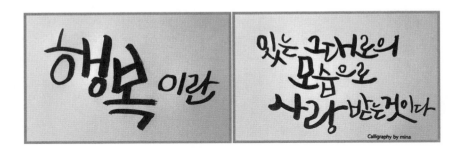

앞의 캘리그라피는 내가 《꾸뻬씨의 행복여행》을 읽으며 가장 와닿았던 행복에 관한 명언이다. 우리의 모습이나 기질과 관계없이 사랑을 받는다면 무척 행복할 것이다. 또한, 내 특성을 지지해주는 부모가 있다면, 아이들은 스스로 생각하고 행동할 것이다. 왜냐하면, 자존감이 높아져서 내면이 강한 아이로 성장하기 때문이다.

그런데 만일, 아이의 기질과 성향을 부모의 입맛대로 바꾸려고 하면 어떨까? 아이들은 어떤 행동을 하더라도 부모의 눈치를 보며 마음이 어렵고 힘들어진다. 그러다 보면 위축되어서 무엇을 하더라도 자신감이 없어진다. 거꾸로 아이가 반항하면, 어떻게 하든지 이기고 통제하려고 제압한다면 어떻게 될까? 결국은 상황이 악화되고 아이는 깊은 내면의 상처를 입으며 성장할 수밖에 없다. 아이를 100% 신뢰로 바라보며 관계를 맺으면 "그럴만한 이유가 있겠지"가 된다.

하지만, 기를 세워준다고 모든 상황에서 아이가 원하는 대로 허용하고 과도한 칭찬을 한다면, 아이는 제멋대로 고집부리며 떼쓰는 일들이 많아질 것이다. 그래서 아이를 키우는 부모라면 누구나 '어떻게 하면 스스로 생각하고 행동하는 아이로 키울 수 있을까?'를 생각할 것이다. 나도 같은 생각으로 방법을 찾던 중 '진정한 마음 나누기'가 절실함을 깨닫게 됐다.

'진정한 마음 나누기'는 내 생각이나 내 마음을 내려놓고, 상대를 있는 그대로 사랑해주는 것이다. 진심으로 아이의 마음을 읽어주려면, 먼저 '아이의 발달, 주변 환경, 상황'에 대한 '이해'를 해야 한다. 그러한 이해는 거울을 쳐다보는 것과 같은 '공감'이 있어야 한다.

있는 그대로 사랑한다는 것은 '네가 그럴 아이가 아닌데'라는 신뢰가 바탕이 된다. 이유를 모르는 상황에서도 '현재 나는 이유를 모르지만 그럴만한 이유가 있겠지'라는 마음으로 아이를 대하는 것이다. 이렇게 이해받고 사랑받는 아이는 자신을 사랑하며 '자아 존중감'이 생기고 그 마음으로 다른 사람을 사랑할 줄 아는 아이로 성장한다. 이런 아이들은 '스스로 결정하고 생각하며 행동하는 아이'로 자라난다.

02
똑똑한 아이보다는 지혜로운 아이로 키우자

아이들과 같이 놀던 남편이 문제를 냈다.

"눈이 녹으면 어떻게 될까?"

"물이 되죠."

"눈이 녹으면 봄이 와!"

남편은 깔깔깔 웃으며 이야기했다.

"눈이 녹으면 어떻게 될까?"에 대한 지혜로운 대답은 '봄이 온다'라는 것이다. 우리는 보통 '지식'은 '아는 것'이라고 이야기한다. 즉, 전에 있었던 일과 지금 눈앞에 펼쳐지는 일을 아는 것이라고 말할 수 있다.

그리고 '지혜'는 '이해한다'의 개념으로 앞으로 일어날 일과 내가 해야 할 일을 아는 것이라고 정리할 수 있다. 그래서 '지식'은 세상을 눈으로 보고 '지혜'는 세상을 마음으로 보는 것으로 생각한다.

남편과 나는 '눈이 녹으면 물이 된다'라는 것을 아는 것보다는 '눈이 녹으면 봄이 온다'라고 대답할 수 있는 아이들로 성장해주기를 바라는 마음으로 많은 이야기를 나눴다. 처음부터 자녀양육에 대한 의견이 일치한 것은 아니었다. 결혼하고 첫 아이를 낳기 전, 남편과 나의 다른 교육관에 깜짝 놀랐다. 서로 다른 집안에서 자라 성장배경이 다르니 당연했다.

교육관이 다른 남편과 함께 아이를 키우면서 서로의 의견 차이를 조율하는 과정이 쉽지만은 않았다. 아이에게는 '유전적인 요인'이 중요하다는 남편과 '환경'이 더욱 중요하다는 내 교육관은 종종 의견 대립이 일어났다. 하지만 우리 부부에게는 '행복한 가정'과 '지혜로운 자녀교육'이라는 같은 꿈이 있었다. 그래서 서로 존중하는 지혜로운 부모가 되려고 노력하면서 행복한 가정을 꾸리게 됐다.

대부분의 부모는 아이들이 태어나기 전에는 소박하게 꿈을 꾼다. "우리 아이는 그저 잘 먹고 건강하게만 자랐으면 좋겠어요" 또는 "예절 바른 아이로 키우고 싶어요"라고 말이다. 나도 출산이 임박해서는 '손가락 발가락이 정상인 아이만 태어나도 좋아'라고 소박한 마음이었다. 첫째 아이는 건강하게 태어났다. 하지만, 생후 이틀 만에 장염으로 인큐베이터 안에서 보름을 지냈다.

먼저 병원에서 퇴원한 나는 초유를 짜냈다. 잘 나오지 않는 적은 양이었지만, 냉장고에 잘 모아서 친정엄마가 신생아중환자실로 배달했다. 입원한 지 보름 후에 건강을 회복한 아들을 집에서 만날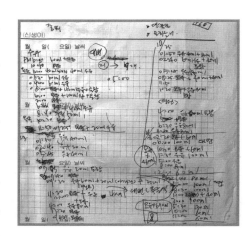

수 있었다. 이때 '아들아, 건강만 해다오!'라는 마음이 가득했다. 먹는 것이 중점을 두고 수유 시간과 먹는 양을 맞추는 정성을 다했다.

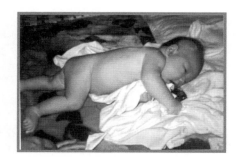

그 이후, 첫째 아이는 건강하게 성장했다. 그러다가 생후 45일이 되던 날에 '뒤집기'를 시도했다. 나는 '아기의 신체발달과 뇌 발달은 밀접한 연관이 있다'라고 생각했다. 그 순간 '건강만 해다오'라는 바람에 더해 '똑똑하게 자라다오', '뭘 해도 네가 제일 잘해'라는 마음이 찾아왔다.

아기가 기어 다닐 때는 방바
닥에 글자들을 붙여놨다. 걸어
다니기 시작하자 벽에 글자들
을 붙여놨다. 심지어 누워있을
때도 보라고 천장에까지 글자
들을 붙여놨다. 그렇게 욕심을 내기 시작했다. "이 세상의 모든 것 모
두 주고 싶어. 나에겐 커다란 행복을 준 너에게"라는 노래의 가사처럼
말이다.

많은 것을 보여주고 경험시켜주고 잘 키우기 위해 노력했다. 특히,
자연의 아름다움이 가득한 성산에서 지내면서 가까운 바다에 자주
갔고, 우리 가족만의 행복한 시간을 가졌다. 그러던 어느 날, 내 손에
잡힌 작은 소책자의 제목에 내 시선과 마음이 사로잡혔다.

《부모에게도 자격증이 필요하다》

나는 이 책의 첫 장을 넘겼을 때 '부모 자격증 있으세요?'라고 시
작되는 문구를 보면서 망치로 한 대 얻어맞은 사람처럼 많은 생각이

머릿속을 스쳤다. '그래, 운전면허증은 기본이고 넘쳐나는 게 자격증인데…. 어떻게 하면 자격을 갖출 수 있을까?' 생각하다가 결혼 전에 읽었던 《사랑과 행복의 초대》라는 책이 떠올랐다. 내가 읽은 《사랑과 행복에의 초대》는 '지은이 양은순, 초판발행 1982년 5월 25일, 47판 발행 1992년 8월 14일'의 책이다. 내가 이 책을 접할 무렵이 47판이 발행되고 나서다. 그 당시 47판이 될 정도면, 매우 많은 사람에게 읽힌 책이었다. 이후 100쇄 이상 인쇄될 만큼 스테디셀러로 오랫동안 사랑받고 있다. 나도 독자로서 많은 영향을 받았던 책 중의 하나다.

이 책을 집필한 양은순 저자는 가정사역 전문 교육기관인 'HIS University'의 총장이다. 가정 내에서 벌어지는 다양한 문제들을 성경적 관점에서 바라보고 '가정이 올바르게 설 때 교회도 사회도 올바르게 설 수 있다'라는 내용을 책에 담고 있다. 나는 이 책에서 말하는 '서로 다른 환경에서 만난 두 사람이 한 가정을 이뤄가는 과정에서의 문제들을 성경적 관점으로 지혜롭게 대처하는 방법'에 대한 내용이 결혼생활에 도움이 됐다.

책의 내용을 몇 가지 정리해보겠다. 먼저, 결혼 준비 이야기다. '결혼'이란 창세기 2장 24-25절에 따르면, '남자가 부모를 떠나 그 아내와 연합해 둘이 한몸이 되는 것'이다. 즉, 육체는 물론 정신적이고 영적인 전 인격을 드러내 놓고도 부끄러워하지 않을 수 있어야 한다. 정리하자면, '전 인격적인 만남'이 결혼이다.

그래서 가장 중요한 결혼의 준비는 인격을 갖추는 일이다. 그 중 대표되는 것이 '긍정적인 자아 형상'을 갖추는 일이다. 또한, 아내는 남편에게 복종하고 또 남편은 아내를 귀하게 여기는 것을 강조하고 있다. '남존여비'라는 의미가 아니라 상호존중을 기본적인 바탕으로 하는 성경적 부부 사이를 강조한다.

그다음으로 행복한 가정의 열쇠를 이야기한다. 정신적인 열쇠는 성숙·복종·사랑, 사회적인 열쇠는 대화, 영적인 열쇠는 기도·성경·그리스도다. 마지막으로는 부모들이 반드시 알아야 할 성경적 원리들과 아이들의 7가지 호소를 마음의 귀를 열어 기울이자는 내용으로 마무리된다.

기독교 신앙의 관점에서 바라본 가정과 교육의 문제를 진솔하게 풀어낸 책이다. '지식'은 '전에 있었던 일과 지금 눈에 보이는 것을 아는 것'이고, '지혜'는 '앞으로 일어날 일과 내가 해야 할 일을 아는 것과 아는 것을 실천하는 것'이라는 사실을 알게 되었고 지혜로운 삶을 살아가는 데 큰 도움이 됐다.

우리 부부도 '처음 엄마', '처음 아빠'여서 어떻게 보면 제대로 준비가 되지 않았던 시간이 있었다. 그러나 신앙생활과 책으로 인생의 순간마다 찾아오는 선택을 지혜롭게 할 수 있었다. 아이들에게 최고의 가르침은 부모의 행복이다. 그래서 오늘도 우리 부부는 지혜로운 삶을 위해 행복한 대화를 나눈다.

03
스스로 생각하는 아이가
세상의 주인공이 된다

나는 세 살 터울과 두 살 터울인 남자아이 셋을 키우면서 매일 육아전쟁을 치렀다. 육아전쟁이 끝나고 잠자는 아이들의 천사 같은 얼굴을 쳐다보면, '언제 전쟁 같았을까?' 하고 세상에서 가장 행복한 미소를 짓던 엄마였다. 지금도 인생의 가장 행복했던 시간과 참 잘했던 시간을 말하라고 하면, 결혼하고 6년간 온전히 육아했던 시기라고 자신 있게 말할 수 있다.

아이를 키우는 부모라면 누구든지 우리 아이가 행복하게 자라기를 바라는 마음일 것이다. 아이가 행복하려면 스스로 생각하는 힘을 키워주는 부모의 역할이 중요하다. 아이들은 모든 일을 직접 부딪치고 경험해 깨달았을 때 스스로 생각하고 판단하는 힘이 커진다. 이럴 때 어른들의 역할은 직접 나서서 해결해주는 것이 아니라 아이가 스스로 자라도록 옆에서 지켜보고 기다려주는 것이다.

늦은 나이에 첫 자녀를 낳고 귀하게 여기는 학부모가 있었다. 훈이 엄마는 등원하는 유치원 버스에 올라타는 훈이에게 소리친다. "훈이야, 앞자리에 앉아!"라고 말이다. 그리고 무언가를 선택하고 결정할 때는 "그것보다 이게 낫지"라고 말한다. 물론 이 모든 것은 자녀를 사랑해서 하는 말이다.

그러나 아이의 행복을 위해 선택해주는 일들이 결국은 아이를 수동적으로 만든다. 자기 생각을 말하지 못하는 로봇처럼 될 수 있다는 것을 알지 못하기에 일어나는 일이다. 지나친 간섭은 아이를 수동적으로 바꿔버린다. 눈치를 보고 스스로 생각하지 않고 의존하게 하는 것이다.

에이브러햄 링컨은 "사랑하는 사람에게 할 수 있는 가장 나쁜 일은 바로 그들이 할 수 있고 해야 할 일을 대신해주는 것이다"라고 말했다. 아이를 사랑해서 해주는 것이 결국은 아이를 의존적이게 만든다. 아이는 원하는 것이 해결되지 않으면 떼를 쓰거나 "엄마 때문이야"라고 책임을 전가하게 된다.

스스로 생각하는 아이로 자라게 하려면, '생각하는 힘'을 키워야 한다. 생각하는 힘은 문제가 발생하면 문제를 받아들이고, 경험했던 것들로부터 좋은 생각을 찾아내고, 그중 가장 효과적인 방법을 선택해 문제를 해결해나가는 과정이다. 생각하는 힘은 우리의 일상생활 속에서 부모와의 대화로 생겨난다. 그래서 아이들과 나누는 대화는 스스로 생각하는 하는 힘을 길러주는 가장 좋은 방법이다.

미술공방에서 5세인 은이가 스케치북에 그림을 그린 후 색칠을 하고 있었다.

"선생님 도와주세요."

오빠와 함께 그림수업을 받는 은이는 오빠가 작업을 끝내자 내게 도와 달라고 했다. 그러나 나는 아이들이 주도적으로 생각하고 스스로 하도록 도와주고 싶은 목표가 있기에 난감했다.

"선생님이 도와주면, 네가 색칠하는 것을 쉽게 할 수 있다는 거지."

"네."

"선생님은 은이 이야기에 생각하게 돼."

"왜요?"

"왜냐하면, 선생님이 지금 도와주면 은이가 쉽게 빨리 끝낼 수 있어. 그런데 선생님은 은이가 스스로 할 수 있도록 도움을 주고 싶어. 그래서 생각하게 돼."

"그러면 여기만 해주세요."

"그래, 여기만 도와주면 스스로 할 수 있다는 거구나."

"네."

5세 아이가 이해하기에 쉽지 않은 말인데, 이해하는 것이 대견하고 기특했다. 그날은 은이가 원하는 부분을 도와주고 그림 그리기가 마무리됐다. 그다음에도 몇 번 비슷한 일이 있었다. 그럴 때마다 은이가 스스로 할 수 있게 도움을 줬다. 그러고 나서 몇 주의 시간이 흐른 어느 날, 은이는 또다시 비슷한 일로 도움을 청했다.

"선생님 색칠하는 거 도와주세요."

"은이 이야기를 들으니 선생님이 생각하게 되네."

"아, 알겠어요. 혼자 해볼게요."

은이는 쉽지 않은 작업을 혼자 스스로 해냈다.

"선생님, 혼자 했어요."

"우아, 쉽지 않은 걸 은이가 혼자서 해내다니 선생님도 기쁘네."

은이가 더욱 자신감을 느끼고 성장할 수 있는 시간이었다. 시간은

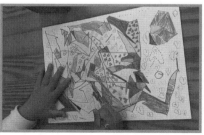

걸렸지만, 아이 스스로 선택하고 주도적으로 활동할 수 있게 도와주면서 보람되고 기쁜 시간이었다. 이 시간으로 부모들은 모든 것을 빨리 가르쳐주고 해결하기를 바라는 유혹에서 빠져나와야 한다는 것을 다시 한 번 깨닫게 되었다. 쉽게 해결하고 빨리 가르쳐주는 것보다 아이가 관심을 가지거나 궁금해할 때 출발해야 한다.

존중과 믿음으로 키운 아이들은 독립을 이룰 수 있다. 독립을 이룬 아이들은 스스로 결정하고 판단할 수 있는 아이로 성장할 수 있다. 그러나 '과잉보호'라는 삐뚤어진 아이 사랑은 아이들의 미래를 망칠 수도 있다. 부모들의 섣부른 도움은 아이들을 망칠 수 있기에 문제 앞에서 아이들이 스스로 해결할 수 있도록 아이들의 능력을 믿어야 한다.

세 살 터울의 동생이 태어났을 때 큰아들이 물었다.
"엄마, 동생은 언제 커요?"
"동생이 빨리 컸으면 좋겠어요."
"같이 놀고 싶어요."

이렇게 말하면서 동생의 기저귀를 갈 때면 시키지 않아도 스스로 생각해서 기저귀, 물티슈, 파우더 분을 가지고 와서 나를 도왔다.

그리고 동생들이 어린이집을 다닐 때 초등학생이었던 큰아들은 맞벌이하는 엄마가 퇴근해서 올 때까지 동생들과 놀고 밥도 챙겨주는 의젓한 맏이 역할을 했다. 집안일을 잘 돕는 아이들과 형제를 돌보며 자라나는 아이들은 책임감이 있고, 책임감이 있는 아이는 특별한 인생을 살아간다.

세 아들이 지금은 각자의 위치와 역할을 해내는 성인으로 성장했다. 성장할 때 우애가 남달랐던 세 아들은 서로 다른 도시에서 지내고 있지만, 시간을 내서 주말에 한 장소에서 만난다. 큰 형이 월급을 받았다고 동생들에게 용돈을 보내주고, 동생들은 같이 식사하며 형에게 고마움을 표한다. 이 모습을 바라보면 흐뭇하다.

아이가 스스로 생각할 수 있게 기다려주는 '부모의 인내심'이 아이가 이 세상의 주인공으로 성장할 수 있게 하는 큰 힘이 된다고 생각한다.

04
좋은 질문은 아이의 생각을 키워준다

    나는 〈유 퀴즈 온 더 블록〉이라는 TV 프로그램을 자주 본다. 이 프로그램은 사람들의 일상 속으로 직접 찾아가서 소박한 담소를 나누고 깜짝 퀴즈를 푸는 길거리 토크로 시작됐다. 그런데 최근에는 코로나19로 실내에서 다양한 직업군의 사람들을 인터뷰하는 형식으로 바뀌었다. 공감할 수 있는 주제와 삶이 진정성이 느껴져서 재미있게 본다.

    매회 시민들에게 '우리에게 단 하루의 시간이 주어진다면?'이라는 공통질문을 했다. 방송을 보던 나도 심각하게 생각하며 속으로 대답해봤다. 이렇듯 좋은 질문은 시청자인 내게도 깊은 생각을 하게 한다. 그리고 진행을 맡은 유재석과 조세호를 보면서 '어쩌면 저렇게 편안하게 질문을 던질까?' 하며 질문하는 모습에서 큰 매력을 느꼈다. 또한, 시민들의 삶의 철학과 가치관을 표현하는 것에서 배우는 것도 많았다.

일상생활에서 부모가 아이에게 좋은 질문을 던지는 것이 매우 중요하다. 왜냐하면, 좋은 질문은 아이의 생각을 키워주기 때문이다. 한 가지 질문을 하더라도 '예/아니오'로만 대답하는 '폐쇄형 질문'이 아니라 아이가 생각하고 대답할 수 있는 '개방형 질문'을 해야 한다.

'폐쇄형 질문'은 창의력을 기르는 데 도움이 되지 않는다. 또한, 질문을 받는 아이는 불편한 상황이 될 수 있다. 그러나 "왜 그렇게 생각하니?"라든지 "어떻게 하는 것이 좋을까?" 등의 질문으로 아이의 생각을 자극해주는 것은 뇌 발달에 도움이 된다.

'개방형 질문'은 자유롭고 다양하게 반응하며 자기 생각과 감정을 표현할 수 있다. 따라서 말을 많이 하는 것보다 질문을 잘하는 부모가 자녀와 진정한 소통을 이룰 수 있다.

만들기 시간에 6세 소은이가 새싹을 만들었다.
"새싹은 지금 어떤 기분일까?"
"기분이 좋아요."

"왜 기분이 좋을까?"

"바깥세상에 나오니까 넓고 좋아서요."

"싹이 꽃처럼 예뻐서 기분이 좋아요."

"그래. 그럼 무얼 하고 싶니?"

"다른 풀 친구들과 어울려서 놀고 싶어요."

이렇게 말하고 나서 소은이는 작은 풀들을 만들기 시작했다. 상상력을 높이는 질문으로 소은이는 확장활동까지 이어갔다. 어떠한 상황이나 문제가 생겼을 때 바로 해결하는 방법을 알려주기보다는 좋은 질문을 던지는 것이 아이 스스로 해결할 힘을 가질 수 있게 한다. 그러나 아이들이 알아서 직접 해낼 때까지 기다려주기는 쉽지 않다. 무언가를 해낼 때까지 기다리기보다 언성을 높여서 지시하고 명령하면 편하기 때문이다.

'놀이터에서 놀다가 손이 더러워진 아이가 집에 오자마자 간식을 먹으려고 할 때'

'아이와 함께 우산이 없이 길을 나섰는데 갑자기 비가 올 때'

'옷이나 신발을 사러 갔을 때'

이런 상황에서 부모가 해결해주는 방법보다 좋은 질문하기를 한다면, 아이들은 주도적이면서 책임감 있는 아이로 성장할 수 있다. 확실히 시간이 걸리고 부모의 인내심이 요구되는 방법이다. 하지만 질문을 하면 아이들이 집중해서 잘 들으면서 생각을 하게 되고 문제해결능력이 생긴다.

놀이터에서 놀다가 손이 더러워진 아이가 집에 오자마자 간식을 먹으려고 할 때, "손 씻고 간식 먹으렴"이 아니라 "놀던 손 그대로네. 어쩌지?"라고 있는 상황을 그대로 읽어주면 된다. 여기까지만 이야기해도 아이들은 스스로 손 씻기를 생각하고 행동할 수 있게 된다. 시간은 걸리지만 스스로 할 기회를 주는 것이다. 아이들은 부모가 자신을 존중하며 건네는 말을 들으면 기분 좋게 해야 할 일을 스스로 해결한다.

아이와 함께 우산이 없이 길을 나섰는데 갑자기 비가 올 때, "비가 오네. 우산이 없는데 어떡하지?"라고 난처한 모습으로 아이에게 질문한다면, 아이도 여러 가지 방법을 제안할 수 있다. 이럴 때는 아이가 제안한 방법을 따라서 해보는 것도 문제해결능력을 길러주게 된다.

옷이나 신발을 사러 갔을 때, 물건을 사러 가기 전에 계획을 세우는 동안 "어떤 신발을 사줄까?", "무슨 색깔 신발이니?"라는 질문은 무작정 사달라고 하는 아이에게 관찰력과 어휘력을 키워주는 기회가 된다. 주말이나 방과 후의 시간을 계획적으로 보내려면, 먼저 "어떤 계획이 있니?"라고 질문하면 시간 활용 방법도 논리적으로 배우는 기회가 될 수 있다.

개방형의 좋은 질문은 아이의 생각을 열어주고 생각하는 힘을 키워준다. 여기에 더해 부모의 양육 태도와 대화로 아이들은 점차 스스로 질문을 던지는 힘을 키울 수 있다. 호기심과 관찰력으로 자기 스스로 던지는 좋은 질문은 우리의 일상생활에서도 놀라운 일을 만들어 내기도 한다.

예를 들면, 스티브 잡스가 2007년 출시했던 스마트폰은 "인터넷, 전화기, 아이팟(음악 플레이어)을 하나의 기기 안에 담는다면 어떨까?"의 질문에서 비롯되어 세기의 발명품이 탄생하게 된 것이다. 인터넷, 전화기, 아이팟은 각각 별도의 기기로 만들어진 별개의 제품이었고, 그것을 번거롭게 다 들고 다니던 불편함을 해소해 하나의 기기에 담으려는 발상은 참으로 엉뚱한 질문에서 비롯된 것이었다.

최근에 서울에서 자취하는 아들이 스마트폰 앱을 보면서 공항에서 집까지 대중교통을 편리하게 사용하는 모습이 인상적이었다. '그 앱이 뭐지?' 하고 알아보니 요즘 누구나 편하게 쓰고 있는 '서울버스 앱'이었다. 이 앱은 유주완 프로그래머가 2009년 18세에 만들었다.

만들자마자 많은 사람이 다운받을 정도로 인기가 높은 앱이었다.

유주완 프로그래머는 고등학교 시절 버스 이용에 불편함을 느꼈고, 순전히 내가 편하게 보기 위해 서울버스 앱 개발을 떠올리게 됐다고 한다. '서울버스 앱'은 "우리 집 앞 버스정류장에 언제 버스가 오는지 알면 얼마나 편할까?"라는 질문으로 만들어졌다.

버스 도착 시간을 모를 때는 불안한 마음으로 무조건 버스정류장까지 서둘러 가야 했지만, 이 버스 앱으로 버스 도착 시간을 알게 된 이용자는 밥을 먹고 가도 되는지, 지금이라도 빨리 뛰어가면 탈 수 있는지 등을 판단할 수 있어서 시간의 효용성을 높일 수 있게 됐다.

이렇듯 일상생활 중에 부모가 아이에게 적절한 질문을 던져야 한다. 아이를 기다려주는 부모의 인내심과 마음을 열어주는 개방형 질문은 아이들의 생각하는 힘을 키워줄 수 있다.

좋은 질문이 되기 위해 다음의 몇 가지를 살펴보면 도움이 된다.

1. 질문하고 나서 대답할 시간을 충분히 주고 있는지?
2. 창의력을 자극하고 도전적인 언어를 사용하고 있는지?
3. 아이들이 대답에 가치를 부여하고 칭찬하고 있는지?
4. 간결하게 질문하는지?
5. 깊이 생각할 수 있는지?

오늘도 나는 '만나는 아이들에게 어떻게 하고 있는지' 스스로 질문해본다.

05
내 생각을 표현하는
아이로 자라게 하자

자기 생각을 술술 표현하는 사람을 보면, 자존감이 높아 보이고 호감이 간다. 나는 초등학생일 때는 화장실에 다녀온다는 말도 제대로 못 할 만큼 위축되어 있었다. 초등학교 4학년 반장 선거 때, 한 친구가 "제가 하고 싶습니다"라고 이야기하는 모습을 보고 멋지고 부럽다고 생각했다. 대부분 친구추천을 받는 분위기에서 용감하게 손을 들고 자기감정을 표현하던 자신감 넘치는 모습이 아직도 생생하다.

그러면서 내가 경험하며 자연스럽게 극복했던 시간들이 생각났다. 여러 사람 앞에서 무언가를 할 때 무척 부끄럽고 어려웠지만, 교회 주일학교에서 성가대를 하고 율동과 노래를 따라 하고 기도하며 말씀을

암송했던 입체적인 교육이 많은 도움이 됐다. 성인이 되어서는 찬양단에 속해 시골교회와 군부대 위문공연을 하는 등의 무대에서 함께 발표하고 노래했던 경험이 있다. 또 직장에 다니며 유치원교사로서 아이들 앞에서 교육하는 동안 떨림이 많이 극복된 경험이 있다.

무엇보다도 자신감을 느끼게 된 일은 '칭찬'에서 비롯됐다. 어려서부터 글씨체가 예쁘다는 말을 많이 들었다. 고등학교 시절 학교축제에서 예쁘게 꾸몄던 문집이 우수상을 받고, 라디오 방송에 보냈던 예쁜 엽서가 당첨되어 상품을 받았던 일들로 주변 사람들에게 칭찬을 받게 됐다. 또, 교회 학생자치회 문예지를 내 글씨체로 채워 넣어서 문집을 발간했다. 나중에는 내 결혼청첩장도 직접 제작했다. 이런 일들이 내 자신감을 채워 넣었다.

내 생각을 제대로 표현하는 일은 '자신감'에서 시작된다. 내 생각을 표현하는 데 도움이 되는 활동 중 한 가지는 가족들이 모였을 때 집 안의 무대에서 발표 시간을 갖는 것이다. 아이들을 자주 거실 무대에 세워서 자신들이 잘하는 것을 할 수 있도록 격려했다. 거기에 '칭찬과 격려'가 더해지면 발표력까지 좋아질 수 있다.

칭찬이 주는 사람이나 받는 사람에게 힘이 되려면 기술이 있어야 한다. 칭찬받기가 서툴렀을 땐, 누군가가 내 아이들을 칭찬하면 겸손한 모습으로 착각하며 굳이 아이들의 단점을 들춰내는 어설픈 모습

을 보이기도 했었다. 공부로 누군가 칭찬을 하면, "고맙습니다"라고 말하면서 나 자신을 점차 표현하기 시작했다.

철학자 카를 포퍼는 '인생은 문제 해결의 연속'이라고 했다. 즉, 문제를 잘 해결하면 인생을 잘 사는 것이고, 문제를 제대로 해결하지 못하면 인생을 함부로 사는 것이라고 이야기할 수 있다. 나는 우리 삶에서 일어나는 크고 작은 문제들을 잘 해결하기 위해 인간관계에 관해 관심을 가졌고, 지혜롭게 해결하는 방법을 찾았다. 그러다가 문득, 돈 딩크마이어의 《당신도 유능한 부모가 될 수 있다》라는 책이 떠올랐다.

이 책이 떠오른 이유는 대학 시절에 처음 배우는 대화법의 매력에 빠졌기 때문이다. 특히, 'I- 메시지'라는 것이 내 마음을 사로잡았다. 그 당시를 떠올리면 외국영화에서만 들을 수 있다고 생각했던 마음이 따뜻해지는 대사들을 우리가 대화에 사용할 수 있다는 것이 신

선한 충격으로 다가왔다. 칭찬할 때도, 화낼 때도 자기 생각과 마음을 표현하는 것을 보며 부러웠다. 내 어린 시절은 기질상 살갑지 않았던 어머니에게 칭찬받기가 어려웠던 탓도 있었다.

그러나 시험문제로 풀었던 'I-메시지'는 실생활 적용이 어렵게 느껴졌다. 그러다가 인생의 시간들이 쌓이면서 실생활 적용이 어려웠던 이유를 깨닫게 됐다. 그건 지식으로만 머물러 있고 마음으로 충분히 공감하지 못했기 때문이었다. 'I 메시지'는 자기감정과 관련된 정보를 상대방에게 전달하는 아주 효과적인 대화법이다. 상대방의 감정을 상하지 않게 하면서 자기 욕구를 잘 전달할 수 있도록 하는 방법이다.

"네가 문을 쾅 닫고 방에 들어가면," (행동)

"엄마는 속상한 마음이 들어. 왜냐하면, 엄마는 네가 어떤 생각을 하는지 정확히 모르기 때문이야." (내 느낌)

"화가 나는 일이 있으면 엄마에게 설명해줬으면 좋겠어." (내가 원하는 것)

"다음에는 차분하게 이야기해줄 수 있을까?" (부탁)

'I 메시지'를 전달할 때는 사건에 부모의 주관적인 해석을 덧붙이지 않도록 조심해야 한다. 즉, 보고 들은 것을 있는 그대로 전달하는 것이다. 예를 들어 "네가 문을 쾅 닫았을 때"를 "네가 나를 무시했을 때"라고 말하지 않도록 하는 것이다. 또한, 한 가지 사실에 대해서만 전달해야 한다. "네가 매일 동생 장난감을 뺏어서"가 아니라 "네가 오늘 동생 장난감을 뺏어서"라고 말하는 것입니다. '늘, 항상, ~할 때마다, 매번'과 같은 표현은 삼가는 것이 좋다.

그러다가 '부모교육 지도자과정' 공부와 '아름다운 인간관계 훈련 프로그램'을 만나면서 내 안에 잠들어 있었던 생각을 말과 글로 표현할 수 있었다. 살아가는 동안 만나는 사람들과 좋은 관계, 아름다운 관계를 맺고 지내기 위해 무엇을 어떻게 준비해야 하는지를 깨닫게 해준 좋은 시간들이었다.

공부를 시작하며 아이들에게 "엄마는 친절하고 지혜롭게 말하려고 이 공부를 시작하고 있어"라고 말하자, 그 당시 고등학생인 큰아들은 "엄마! 하던 대로 하세요"라고 대답하고, 막내아들은 "엄마! 어쩐지 달라졌어요"라고 대답했다. 내가 "어떻게?"라고 물으니 "화낼 만한 상황인데 화내지 않고 친절하게 말하거든요"라고 대답했다.

그렇게 시작한 공부를 하는 4여 년 시간 동안, 가족들의 응원과 지지로 머릿속에 있던 생각이 마음으로 내려오게 됐고, 훈련받는 동안 친절한 마음과 사랑하는 마음으로 대화할 수 있게 됐다. 세상에서 가장 먼 거리는 생각과 실천 사이라고 한다.

즉, 머리에서 가슴까지 가는 길이 가장 멀다는 말이다. 나도 머리의 사랑이 가슴까지 내려오는 데 시간이 오래 걸린 듯하다. 김수환 추기경님도 머리의 사랑을 가슴으로 받아들이기까지 70년이 걸렸다고 하니 위안으로 삼아 본다. 잊지 말아야 할 것은 부모로서, 교사로서 내 생각을 표현하려면 상대에 대한 깊은 공감이 있어야 제대로 표현될 수 있다는 것이다.

06
진정한 자유를 인정해주는 미술공방

　남에게 구속받거나 무엇에 얽매이지 않고, 자기 뜻에 따라 행동하는 것을 '자유'라고 한다. 그리고 무엇에 얽매이지 않고 자기 뜻에 따라 마음대로 할 수 있는 상태를 '자유롭다'라고 한다. 이런 '자유'를 느낄 수 있는 교실에서는 강요나 지식에 의한 교육보다는 자신이 직접 탐색하고 선택하는 것이다. 또한, 자신이 선택한 것으로 기쁨과 즐거움을 느끼면서 성취감을 이루도록 한다.

　내가 운영했던 몬테소리교실에서는 아이들을 개별적인 생명으로 존중해주고, 준비된 환경 속에서 아이들의 지적 욕구를 만족시키고 독립심, 협동심, 집중력을 키워서 자기 능력을 발휘하도록 도왔다. 몬테소리교실에서 말하는 '자유'는 자발적으로 생활하고 활동하는 상황이며, 이런 자유로움을 성취할 수 있도록 했다. 그리고 아이들에게 위험하지 않고 해롭지 않은 범위 안에서는 모든 행동을 허용했다. 그래서 무엇보다도 아이들의 행동을 관찰하는 것을 중요하게 여겼다.

아이들은 스스로 원하는 활동을 선택할 수 있고, 자유롭게 시작하고 마칠 수 있으며, 이런 자발적인 활동의 반복으로 '진정한 자유'를 누릴 수 있게 됐다. 이런 자유를 '질서를 지닌 자유'라고 볼 수 있다. 아이들에게 자율을 허용하고 누리게 하니 작업할 때 순서를 기다리고, 정확히 수행하며, 정리를 잘하는 것과 같이 스스로 규율과 질서를 만들어갔다. 이 모습을 바라보는 나로서는 평화로운 행복의 시간들이었다.

　이런 교육을 창시한 마리아 몬테소리는 '자유'를 아이들 스스로 일을 선택할 수 있는 자유, 시간에 대한 자유, 반복의 자유, 움직임에 대한 자유, 말에 대한 자유로 나눴으며, 아이들에게 '자유'가 허락될 때 일탈은 사라지게 되며 정상화될 수 있다고 했다.

　내가 몬테소리철학과 교육을 현장에서 14년 동안 적용하면서 느꼈던 것이 있다. 우리 어른들이 교통질서를 지킴으로서 개인의 안전과 자유로운 통행을 보장받는 것과 같이 아이들이 교실에서 기본적인 규칙을 지킴으로 진정한 자유를 느끼는 것을 관찰했다. 또한, 기본규칙을 잘 지키는 것으로 책임감이 함께하는 자유가 아이들을 자유롭게 할 수 있었다.

이런 몬테소리교실의 좋은 점이 있다. 바로 어른의 환경이 아닌 아이들에게 맞는 환경을 준비해 자유로움 속에서 매일 충분한 반복활동으로 아이들이 행복을 느낄 수 있다는 것이다. 그리고 스스로 선택한 교구들을 가지고 활동하면서 만족감을 느껴보고, 정리하는 과정에서 독립심을 느끼고, 다음에 하는 아이들을 배려해 제자리를 찾아 정리하면서 배려를 배울 수 있었다. 그리고 스스로 흥미를 느껴서 선택한 교구활동을 하면서 더욱 집중할 기회가 됐다.

　그래서 나는 새롭게 미술공방을 운영하면서 몬테소리교육의 핵심이 되는 '진정한 자유'를 아이들이 느낄 수 있게 했다. 아이들이 재료를 사용할 때도 "선생님 이거 써도 돼요?"라고 질문하면, "그래, 써

도 돼”라는 책임 없는 자유의 언어가 아닌, 책임 있는 자유의 언어로 “그럼, 필요한 만큼 쓰렴”이라고 대답한다. 이 말은 자유롭게 쓰되 한 번 더 생각하며 다른 사람들도 배려하라는 힘이 들어있는 언어라고 생각한다.

먼저 도착한 아이들은 수업 시작 전에 준비된 이면지에 자유롭게 자기 생각을 표현해보는 ‘자유낙서’ 시간을 가졌다. 어떤 날에는 본 수업보다 ‘자유낙서’ 시간을 더 매력적으로 여기는 날도 있었다. 특히, 그림을 그리는 일을 자기 자신을 표현하는 기회로 제공하고, 활동을 시작하기 전에 계획하면서 자유롭게 그리는 시간을 할애했다.

사진의 작품은 활동을 표현하기 전에 ‘내 미래에 대한 모습’에 대해 충분한 이야기를 나누며 종이와 연필로 계획을 세웠다. 그런 다음 클레이를 가지고 캔버스에 표현했던 7세 아이들의 작품이다. 미래의 내 모습을 표현하면서 필요한 물건과 도구를 표현하는 것까지 모두 스스로 생각해서 마무리 짓는 모습에서 아이들의 창의력과 상상력, 그리고 독립심과 집중력이 발달하는 경험의 시간이었다.

자유와 책임이 있는 환경 속에서 아이들이 활동에 몰입하는 동안, 단순한 호기심이 점점 지적인 호기심으로 바뀌게 된다. 또한, 아이들이 모양의 반복과 색의 혼합을 반복하며 점점 각각의 주제들을 차

근차근 경험하면서 아이들은 스스로 활동을 선택할 수 있는 자유를 가지고 자기 생각과 느낌을 표현하며 스스로 만족하는 결과물을 만들어낼 수 있다.

07
사랑할수록 자유로운 영혼의
아이로 키워라

톨스토이는 '자유란 그 누가 그 누구에게 주는 것이 아니라, 단지 자기 자신에 의해서만 얻을 수 있다. 그리고 영혼이 자유롭지 못한 자는 보아도 볼 수 없고, 들어도 듣지 못하며, 먹어도 그 맛을 모른다'라고 했다. 나도 그 말에 동의하며 공감한다. 영혼이 자유로운 사람만이 진정한 행복을 누릴 수 있다.

나도 부모가 되고 나서 우리 자녀들이 자유로운 영혼을 가지고 행복하게 자라나기를 바라는 마음으로 양육을 해왔다. 그러면서 생각해봤다. 톨스토이가 말하는 이야기를 바꿔 생각해보면 '영혼이 자유로운 자는 볼 수 있고, 들을 수 있고, 먹으면서 맛을 안다는 것'이라고 할 수 있다.

그렇다면 '볼 수 있다'라는 것은 무엇일까? '눈으로 보다(See)'의 개념이 아닌 '사물이나 사건, 관계의 본질을 정확하게 바라보는 눈으로 본다(Watch to it)'라고 해석할 수 있다. 그러니까 진심을 볼 수 있는 눈을 가지고 바라봐야 한다는 것이다.

예를 들어서 동생이 형과 놀다가 "엄마 형이 때렸어요" 할 때, '보다(See)'로 이야기하면 누구의 잘잘못을 가려내는 재판관처럼 사건을 해결하게 된다. 그래서 "동생 때리지 말고 타이르지 그랬어!"라고 하면 아이들은 엄마로부터 이해나 사랑, 존중을 받는다고 느끼기는 어렵다.

그러나 진심을 볼 수 있는 눈(Watch to it)으로 해석하면 "앗, 형에게 맞아서 아프구나"라고 마음을 읽어줄 수 있다. 그러면 재판관이 아니라 내 말을 들어주는 엄마에게 공정한 사랑을 느낄 수 있고, 사랑하는 자녀들이 싸우지 않고 서로 우애를 가지고 자라날 수 있다.

우리 세 형제는 지금, 큰형이 월급을 받는 날에는 동생들에게 용돈을 주기도 하고, 서울·성남·전주에 사는 형제들이 가끔 주말에 서울에서

만나서 식사하면서 페이스톡으로 부모에게 안부를 전한다. 우애가 남다른 형제로 성장해줘서 무척 고맙고 흐뭇하다. 아이들과 어릴 때부터 많은 대화와 몸으로 놀아주던 아빠의 사랑이 아이들을 내면이 단단한 아이들로 성장하게 도왔다고 생각한다.

그다음으로 '들을 수 있다'라는 것은 어떤 의미일까? '보다'와 마찬가지로 단순히 들리는 것을 듣는(Hear) 것이 아니라, 마음을 다해 관심을 갖고 듣는(Listen to it) 것이다. 성경에서도 '귀 있는 자들은 들으라'라고 했다. 부모가 걱정이나 생각이 많으면, 아이들의 이야기에 귀를 기울이기가 매우 어렵다. 그래서 부모가 먼저 행복해야 한다.

캐나다의 심리학자 어니 젤린스키는 《느리게 사는 즐거움》에서 '걱정의 40%는 절대 일어나지 않을 일이고, 30%는 이미 일어난 일에 대한 것이며, 22%는 너무 사소한 것이고, 4%는 우리 힘으로는 어쩔 도리가 없는 것이다'라고 했다. 나머지 4%만이 오로지 우리가 바꿀 수 있으니 걱정하고 염려한다고 문제의 결과가 크게 달라지지 않는다는 것이다. 즉, 96%의 걱정거리는 쓸데없는 것이다.

걱정하는 습관을 버리고 행복해지는 습관을 들일 수 있게 나만의 방법을 가져보면 어떨까? 나는 아이들을 키우고 직장생활을 하는 동안, 밝은 생각을 많이 하고 감사하는 삶의 태도를 보였다. 특히, 아이들이 어렸을 때 맞벌이를 했는데, 아프다고 연락이 오거나 하원할 때 집에서 엄마가 맞이해주기를 바라는 아이들의 바람에 마음이 흔들렸다. '일이냐', '육아냐'라는 혼란의 시기도 있었다.

그때 남편이 "언제까지 아이들을 지켜줄 것이냐?"라고 물었다. 그래서 '내가 직장인 교육의 현장에서 최선을 다해 반 아이들을 사랑하고 교육하면, 우리 집 아이들도 유치원과 초등학교에서 만나는 선생님들도 그럴 것이다'라는 믿음으로 일하는 시간을 행복하게 만들 수 있었다. 즐거운 감정을 자주 경험하고 걱정과 불안감을 덜 느끼면 행복하다고 한다. 생각을 바꾸고 긍정적으로 지내면서 마음의 여유가 생기니 진심으로 들을 수 있게 되었다.

그동안 경청하며 마음을 나눴던 경험이 쌓여서 지금도 멀리 떨어져 사는 아이들이 소식을 전해온다. 심각한 고민거리, 즐거운 일이나 기쁜 소식, 심지어는 여자친구 이야기까지 전화로 소통할 수 있어서 감사한 일이다.

마지막으로 '맛을 알다'라는 것을 생각해본다. 먹는다(Eat)는 것은 살아가기 위해서 단순히 먹는 행위가 아니라 음식을 음미하며 맛을 느끼고 자연에 감사하는 마음까지도 느끼는 것이 '맛을 알다'가 아닐까? 그래서 아이들이 어렸을 때 가능하면 음식이 가지고 있는 맛을 알려주기 위해 양념을 최소화시키고 냉동식품이나 즉석조리식품 말고 가정식으로 최선의 노력을 했다. 골라서 먹을 수 있도록 식품에 관한 이야기, 수입과 국산의 차이, 그리고 음식을 만들 때의 정성과 노력에 대해 많은 이야기를 나눴다.

아이들이 어렸을 때 함께 영화 '라따뚜이'를 봤다. 우리 가족에게 맛있는 음식은 사람의 마음을 하나로 연결해주는 의미를 줬다.

음식의 정성과 맛, 그리고 누구나 요리할 수 있다는 영화 속 이야기는 아이들과 지금도 마음이 통하는 시간을 가질 수 있게 도움이 됐다.

영혼의 자유로움을 가지려면, 우리의 감각 중 시각과 청각, 미각이 단순하게 보고 듣고 맛보는 것만이 아니라 본질을 정확하게 바라보고 마음의 소리를 들으며 사랑과 정성이 들어간 음식의 진정한 맛을 느끼면서 자랄 수 있게 도와야 한다.

보통 자유로운 영혼의 소유자라고 하면 일탈 행동을 떠올릴 수 있다. 그러나 여기서 자유로운 영혼이라는 것은 자기의 소신과 철학을 가진 당당한 자신감으로 눈치를 보거나 타인의 평가로 좌우되지 않는 것이다. 자녀들을 사랑하면 할수록 자유로운 영혼의 아이로 자랄 수 있게 부모는 노력해야 하고, 부모의 뒷모습을 아름답게 꾸며야 한다.

08
표현하는 즐거움을 알려주기

보통 '고향' 하면, 우리가 어릴 적에 먹었던 음식과 그 음식을 만들어 줬던 어머니의 모습을 떠올린다. 오감으로 느꼈던 것들은 성인이 되어도 강하게 기억에 남아있다. 초등학교를 국민학교라고 부르던 1980년대, 어머니는 어린 내게 항상 간식을 만들어주셨다. 그 시절 간식은 흔하지 않은 음식이었다. 그런데도 어머니는 비교적 싼 가격의 고등어를 사서 뼈를 추리고 살만 다져서 당근, 양파 등의 채소를 넣고 생선의 단백질과 채소의 비타민이 가득한 어전을 만들어주셨다.

또 그 시절 흔한 재료인 당근을 채 썰어 밀가루와 베이킹파우더가 들어간 당근팬케이크를 만들어주기도 하셨다. 그래서 나는 학교가 끝나면 얼른 집으로 돌아오곤 했다. 어떤 날은 고구마를 깍뚝 썰어서 전기 팬 밑에 깔고, 그 위에 걸쭉한 밀가루 반죽을 부어서 고소한 빵을 만들어주기도 하셨다. 지혜롭게 살림을 사셨던 어머니는 풍족한 살림이 아닌데도 큰돈 들이지 않으면서도 맛있고 영양 가득한 음식을 만들어주셨다.

그때 나는 달걀을 휘젓는 소리만 들려도 '맛있는 빵을 만들겠구나!'라는 설렘으로 부엌에 들어가서 여러 가지 질문을 하며 주방보조를 했었다. 또 친구들을 초대해 엄마에게 배운 대로 만들어줬다. 결혼한 후에 우연히 만났던 초등학교 5학년 때 친구가 기억해낸 일은 내가 팬케이크를 만들어 준 것이다. 나는 어린 시절 건강하고 맛있는 음식을 만들어주셨던 친정엄마의 영향으로 지금도 '음식 만들기'와 '누군가에게 음식을 만들어서 대접하는 것'을 좋아한다.

아들 셋을 제철 음식과 건강한 음식으로 키우고 싶어서 사랑과 정성을 담아 음식을 준비하곤 했다. 가능하면 즉석식품이 아닌 자연식품으로 직접 만들어 식탁을 차렸다. 아이들이 생일에 친구들을 집에 초대하면 아이들이 좋아하는 음식을 직접 조리해서 줬다. 심지어 치킨도 직접 튀겨줬다. 아침밥은 꼭 먹어야 한다는 신념에 갈비찜, 삼겹살 구이, 생선구이 등등을 출근하는 아침 시간에도 많은 시간을 할애해 영양분 가득한 음식을 만들어줬다.

아이들의 중·고등학교 시절에는 시간에 쫓기는 아이들을 위해 고기와 김치, 멸치 등의 영양을 넣어서 간단하게 먹을 수 있는 삼각김밥을 준비했다. 저녁에는 미리 준비한 돈가스와 채소를 넣어서 말아둔 또띠아 등의 음식을 준비해줬다. 그러다가 영양가 있는 재료를 뭐든지 다넣을 수 있는 것이 '김밥'이라는 것을 깨달았다. 특별하고 독특한 재료들을 넣어서 시간이 없고 영양이 필요한 순간에 자주 해줬던 건강메뉴 중 하나다. 이제 성인이 된 우리 집 아이들은 각각의 도시에서 자취생활을 하고 있다. 감사하게도 엄마의 뒷모습을 보며 배운 것으로 직접 음식을 요리해 먹는 모습에 마음이 흐뭇하고 든든하다.

유아교육기관에서 근무하는 중에도 음식이 주는 기쁨과 즐거움을 표현하는 일을 했었다. 이른 봄에는 함께 근무하는 동료 교사들을 위해서 초록빛의 말차를 체치고, 마당에서 가장 먼저 봄을 알려주는 매화꽃을 띄워 분주하고 바쁜 졸업과 입학 시기를 보내곤 했다. 그러다 때가 되면 하얀 목련 꽃잎을 두세 장 넣어서 차를 만들어 봄을 나눴다. 그리고 완연한 봄이 되면 반 아이들에게는 함께 뜯어온 쑥으로 부침개를 만들어줬다. 봄나물 이야기를 나눈 후, 아이들 가정에서 한 가지씩 가지고 온 나물들로 비빔밥을 만들어 주기도 했다. 채소를 싫어하거나 편식하는 아이들에게 조금 다른 관점과 시선을 가지라는 엄마의 마음이었다.

여름에는 색이 예쁜 제비꽃차를 만들어 마시거나 텃밭에서 직접 키운 상추로 점심에 쌈 싸서 먹고, 멸치 다시 국물에 감자와 호박잎을 넣은 국도 끓여 먹었다. 수박껍질을 채 썰어 미역과 함께 냉국을 만들어서 먹으며 음식에 대한 소중함을 나누기도 했다. 가끔은 텃밭에 스스로 자라난 들풀을 뜯어 쇠비름나물도 만들어주면서 자연과 함께하는 경험을 나누기도 했다.

가을에는 송편을 빚어서 마당에 있던 비파꽃으로 뜨거운 물을 부어 우려서 차로 마시고, 가을 곡식을 관찰하고 나면 여러 가지 곡식과 열매들을 모아서 약밥을 해줬다. 삶은 무를 양념해서 메밀가루를 전으로 부쳐서 먹는 향토 음식인 빙떡을 만들었다. 빙떡으로 제주의 옛 어른들의 지혜를 엿보는 좋은 시간을 보낼 수 있었다.

겨울에는 추운 날이지만 텃밭에서 가래떡을 구워 먹으며 과자보다 전통 먹거리에 관심을 갖도록 도와주고, 몸 온도를 높여주는 보이차를 마시면서 계절을 즐겼다.

아이들에게 자연에서 얻어지는 귀한 경험을 많이 주고 싶었다. 또한, 학부모들의 도시락 부담을 줄여주고 싶은 마음에 현장학습 나갈 때 20명 아이의 김밥을 준비한 적도 있었다. 최근 기회가 되어서 그 시간을 함께했던 초등학생, 중학생이 된 그 시절의 아이들을 몇 명 만났다. 그 아이들이 기억하는 음식의 종류는 달랐지만, 모두 음식에 대한 좋은 기억을 끄집어내어 이야기를 나눌 수 있었다. 그 시간을 함께했던 그때의 아이들은 마음과 오감으로 느꼈던 경험이 인생을 살아가는 데 아름답게 장식됐으리라 생각한다.

지금도 나는 아이들과 만나며 교육현장에 있다. 여전히 아이들에게 음식으로 인한 '표현하는 즐거움'을 가르쳐주고 느끼게 해주고 싶다. 왜냐하면, 요리활동으로 얻어지는 학습효과는 다양하기 때문이다. 재료의 색과 모양을 보고, 만지고, 썰고, 냄새를 맡고, 맛을 보면서 오감을 사용하는 동안 창의력이 발달한다. 그리고 감각기관을 사용하는 동안 뇌에 자극을 줘서 뇌 발달에 크게 도움을 준다.

요리에 사용되는 동사 '썰다. 자르다, 굽다, 찌다, 삶다, 볶다, 채썰다' 등등의 어휘와 사용되는 도구의 이름, 재료들의 이름을 배우면서 관찰력과 언어능력에도 도움을 된다. 그리고 재료들을 자르면서 수 개념을 익히고, 소금과 설탕이 물에 녹을 때, 배추가 소금으로 숨이 죽을 때의 일어나는 삼투압 등등의 과학적 개념을 익히게 된다. 그뿐만 아니라 음식의 소중함과 좋은 음식을 골라 먹고 건강하게 식습관을 갖는 데 많은 도움이 된다.

그래서 매해 봄이 되면 봄을 느낄 수 있는 쑥을 뜯어서 아이들과 봄 요리를 한다. 쑥을 다듬는 것으로 향을 느끼고, 밀가루와 섞어서 쑥전을 만들어 먹고, 쌀가루와 버무려서 쑥버무리를 만드는 경험을 가졌다. 음식을 먹고 난 후, 아이들이 자기 느낌과 생각을 글과 그림으로 표현하는 모습이 대견했다. 직접 경험하면 창의력과 상상력이 더욱 자극되어서 아이들 스스로 만족하는 시간을 가질 수 있었다.

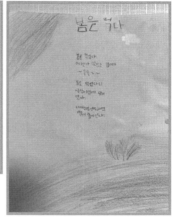

글과 그림으로 표현한 결과물을 보며 부모와 교사의 인정과 격려가 아이들에게는 표현을 통한 자신감이 생겨나는 시간이었다. 아이들 스스로 음식을 만들어보는 경험은 자신감을 갖고 자신을 표현하는 좋은 기회기도 하고, 언어적으로 자극을 받는 시간이다. 아이들과 소통하며 스스로 음식을 만드는 동안 오감체험을 할 수 있고, 두뇌활동과 자유로운 생각을 표현하는 데 큰 도움이 된다.

자연의 변화를 느끼며 자연스럽게 역사와 문화, 과학, 창의미술로의 접근하는 것은 아이들의 상상력과 사고력을 높여준다. 제철에 나는 먹거리를 이야기 나누면, 감성과 인성을 골고루 발달시키는 데 도움되며 아이들의 생각을 좀 더 자연스러운 분위기에서 소통할 수 있게 해주는 좋은 방법이다.

09
미술활동은 핸즈플레이다

    '핸즈플레이(Hands Play)'란 무엇일까? '핸즈플레이'는 손으로 놀이하는 활동이다. 손으로 할 수 있는 여러 가지 활동을 경험하는 동안 얻어지는 재미와 즐거움이 아이들에게는 좋은 공부가 된다. 손끝의 자극으로 손을 움직인다는 것은 몸을 움직인다는 것과 관련되며, 신체적인 소근육과 대근육의 발달을 이루게 된다. 그뿐만 아니라 손의 사용으로 머리(Head), 마음(Heart), 손(Hand)이 조화롭게 발달하며, 무언가를 만들면서 예술적인 감각과 마음의 평화를 가져온다. 그런 의미로 공방을 운영하면서 유아미술과 아동미술의 넓은 의미로 '핸즈플레이'프로그램을 만들었다. 나는 초등학교 시절에 그림 그리기를 좋아하고 잘했다. 학교 대표로 나갈 정도였다. 또 글씨를 예쁘게 쓴다는 칭찬도 받았다. 선생님 대신 칠판에 판서하기도 했다. 그러다 중학교 때는 키가 크다는 이유만으로 운동선수로 발탁됐다. 우연히 시작된 운동이었지만, 숨어있었던 운동신경이 발견되면서 제주에서 첫 전국소년체전이 개최됐을 때는 대표선서를 할 만큼 운동을 잘하는 편이었다.

그러다 사춘기 소녀의 눈으로 미래를 바라보니 운동보다는 공부가 바람직하다는 판단이 섰다. 나는 운동을 그만두고 평범한 여고생으로 지냈다. 그 후 잠시 접어 뒀던 미술의 꿈을 펼치고 싶었다. 그러나 녹록지 않은 가정형편으로 미대 진학을 접어야 했다. 대신 내가 좋아하고 잘하는 음악과 미술, 체육을 경험할 수 있는 교사라는 직업에 매력을 느끼게 됐다. 그래서 유아교육과에 진학했고 졸업과 동시에 취업을 했다.

그렇게 유치원교사로 6년을 재직하고 결혼했다. 그 당시에는 결혼하면 직장에 다닐 수 없다는 사회적 분위기와 이사회규정에 발목 잡혀서 퇴직하고 육아에 전념했다. 그 육아에서 벗어날 즈음 재취업의 기회가 왔고, 16년 동안 유아교육기관 한곳에서 직장생활을 할 수 있었다. 직장생활을 하는 동안 좋아하고 예쁘게 썼던 글씨와 그림을 아이들에게 가르쳐 주면서 행복한 시간을 보낼 수 있었다. 유아들의 선생님으로 22년을 지낸 뒤, '미술'이라는 아이템으로 공방을 개업하고 6년간 운영하게 됐다. 공방의 주 종목은 '캘리그라피'와 '아동미술'이다.

캘리그라피 수업을 하게 된 것은 컴퓨터가 보편화 되기 전인 직장생활 초기에 글씨를 예쁘게 잘 쓴다는 구실로 글씨를 써야 하는 모든 작업을 도맡아 했던 경험이 컸다. 물론 좋아하고 잘한다는 격려로 작업하는 동안 기쁨이 가득했다. 그런 시간이 지나고 내가 공방을 개업할 무렵에는 예쁜 글씨(Calli Graphy)라는 영역이 많은 사람의 관심과 사랑을 받고 있었다. 자연스럽게 공방의 주 종목이 되어서 중학교 자유학기제, 학부모 교실, 성인반 취미교실, 고등학교 방과 후, 초등학교 찾아가는 예술 지원 등의 수업을 맡아 하게 됐다. 그렇게 많은 사람과 만나면서 힘이 되고 위로가 되는 시간을 만들어왔다.

그리고 점차 디지털 세상에 더해 IT 로봇이 사람을 대신하는 세상을 맞이하게 됐다. 그에 따라 현대를 살아가는 우리의 감성은 무뎌지고 기계적이며 정형화된 것에 익숙해지는 현실이다. 그런 상황 속에서 나는 다양한 연령층의 사람들을 만나면서 아름다운 글씨로 소통하기 원했고, 아름다움이 무언인지 가르쳐 왔다. 그러는 동안 아날로그적인 형태에 매력을 느끼면서 각자의 개성 있는 감성을 찾는 시간을 만들어보며 기쁨을 경험했다.

캘리그라피 시간에 만나는 수강생 중에 아이를 키우는 수강생들과 자연스러운 육아상담과 인간관계상담을 하며 삶을 나누고 영향력을 미치는 의미 있는 시간이다.

그래서 캘리그라피의 기법 이외에도 스스로 여유를 갖고 힐링할 수 있는 프로그램으로 '수채화로 만나는 꽃그림 그리기' 시간과 '오일파스텔로 만나는 초트아트' 시간에 삶을 나누고 배움의 시간을 제공해 어린 자녀를 키우는 분들에게는 힐링의 시간이 되고 있다. 손으로 할 수 있는 재료와 기법으로 행복한 시간을 만드는 방법을 수업하는 동안 가르치는 내게 더 큰 기쁨으로 다가왔다.

공방 운영의 또 다른 종목인 아동미술프로그램으로 유아동 미술 분야를 '핸즈플레이(Hands Play)'라는 이름으로 프로그램화했다.

나무의 뿌리 역할을 하는 요리활동, 야외활동, 생태미술, 창의미술, 클레이활동은 아이들 스스로 탐색하고 완성하는 동안 성취감, 인내력, 집중력, 심미감, 정서적인 안정을 나무의 열매로 맺어질 수 있게 하는 활동의 시간이다.

또한, 논리적인 질서감과 문제해결능력을 발달시킬 수 있고, 창의력과 자연의 아름다움을 느끼며 사랑하는 마음을 가질 수 있는 과정이다. 지속적인 활동을 경험하는 아이들은 튼튼한 나무처럼 자라나서 나무의 그늘을 필요한 주변의 이웃에게 도움을 줄 수 있는 인재로 자라나는 것이 목표다.

5세부터 초등학생을 대상으로 '왜 미술이 아이들에게 중요한지' 활동하며 소통하고 교육한다. 그리고 스스로 생각하는 아이로 키우고 싶어 하는 부모들과 '독서모임'으로 부모교육 시간도 갖는다. 유아교육기관에서도 특별시간으로 소통하는 유아동 미술활동 '핸즈플레이'는 아이들에게 필요한 것들을 즐겁게 만날 수 있도록 프로그램화했다.

'핸즈플레이'는 여러 가지 미술기법과 다양한 재료들을 탐색해보면서 지속적인 응용학습으로 다양하게 적용할 수 있는 수업이다. 핸즈플레이를 경험한 아이들이 좋아하는 '요리활동'은 건강과 영양을 주고 싶은 엄마의 마음을 담았다. 요리활동은 아이들이 좋아하는 놀이면서 효과적인 교육이기도 하다.

건강한 음식을 먹기 위해서 우리가 알아야 하고 생각해야 할 것은 '흙의 소중함'과 '생명'이라고 소개하고, 미술공방 옆의 비어있던 땅을 가꿔서 채소들을 심었다. 아이들은 오고 가며 관심을 두고 식물들이 커가는 과정을 지켜봤다.

봄이 되면 흙을 고르고 준비해 씨를 뿌려 물을 주며 사랑과 관심을 준다. 그러다가 때가 되면 열매와 결실을 만나는 것이 어쩌면 우리 가 아이들을 교육하고 키우는 삶과 닮았다.

'핸즈플레이'의 프로그램 중 손으로 활동하는 여러 다양한 활동 중에 '요리활동'이 주는 교육적 효과는 매우 크다. 오감으로 느끼고 경험하는 활동이라서 아이들도 좋아하고 기다리는 시간이다. 상추, 오이, 방울토마토 등을 수확해 요리활동으로 전개하고, 아이들에게 자연스럽게 제철에 나오는 채소들과 과일들을 먹어야 하는 이유를 이야기를 나누며, 건강과 영양에 대해 관심을 갖도록 도움을 줬다.

아이들은 보통 채소를 좋아하지 않았고, 그 중 '가지'는 더욱더 먹어본 경험이 많지 않았다. 그래서 맛있게 먹어보는 경험으로 가지에 대한 기억을 좋게 바꿔주고 싶었다. 아이들은 자신들이 만든 '가지전'의 맛을 보고 맛있다면서 시작할 때와는 달리 '가지'에 대한 반응이 긍정적인 반응을 바뀌었다.

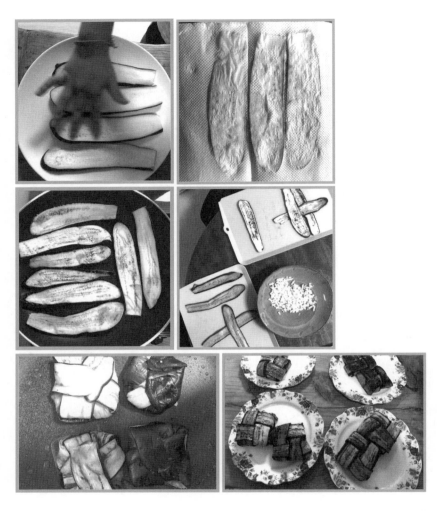

　오감으로 느꼈던 것들은 성인이 되어도 강하게 기억에 남는다. 그래서 '가지'를 아이들이 좋아하는 치즈를 넣어서 가지전을 만들었다.

　아이들이 좋아하는 다른 활동은 '야외활동'이다. 주로 봄과 가을에 1~2회 야외로 나가서 숲을 경험하며 나무와 꽃을 사랑하는 마음을 담아온다. 여름에는 일명 '꽃게잡이'라는 이름으로 아름다운 제주의 바다에서 돌멩이 사이에 숨어있거나 모래에 있는 게들을 잡아서 라면을 끓여 먹는 시간을 가졌다.

'창의미술' 시간은 여러 가지 기법과 다양한 재료들을 탐색해보면서 지속적인 응용학습으로 다양하게 적용할 수 있는 프로젝트 수업이다. 아이들 스스로 탐색하고 완성하는 동안 성취감과 인내력, 집중력, 심미감, 정서적인 안정을 도울 수 있는 시간이다. 그림책수업과 화가들을 따라 하기 수업으로 논리적인 질서감과 문제해결능력을 발달시킬 수 있다.

'생태미술' 시간은 창의력과 자연의 아름다움을 느끼고 사랑하는 마음을 가질 수 있는 활동이다. '클레이활동'은 생각하는 힘을 키워주는 재료로 클레이가 주는 장점으로 아이들이 참 좋아하는 시간이다.

이런 나무의 뿌리가 되는 요리활동, 야외활동, 창의미술, 생태미술, 클레이활동이 '핸즈플레이'라는 나무를 만들고, 이 시간을 아이들이 스스로 탐색하고 경험하는 동안 성취감과 인내력, 집중력, 심미감, 정서적인 안정을 도울 수 있다.

4

오감을 통해
스스로 생각하는
아이로 키우는 방법

01
조물거리는 동안 발달하는 소근육

철학자 칸트는 '손은 바깥으로 드러난 또 하나의 두뇌'라고 했다. 그만큼 손을 이용해서 하는 활동들이 두뇌에 미치는 영향력이 크다. 0~4세의 아이들은 자기 뇌세포 활용과 신경세포의 단단한 결합을 위해 엄청난 대근육 활동과 소근육 활동이 필요하다.

소근육 활동은 다른 발달의 기본이 된다. 기본적으로 밥을 먹는 일. 화장실을 가는 일, 옷을 입는 일, 그림을 그리는 일 등 소근육의 발달 없이는 할 수 없다. 눈과 손의 협응력으로 뇌가 발달하기 때문에 일상생활 속에서 소근육 발달을 돕는 활동을 경험할 수 있게 도와야 한다.

또한, 발달에 따라 놀이나 활동이 다르게 제공되어야 한다. 먼저 젓가락 사용을 예로 들어보면, 1~4세 유아기에는 손으로 움켜쥐기부터 제공하면 좋다. 가정에서 쉽게 제공할 수 있는 건 호두 크기의 구체물을 손으로 쥐고 그릇으로 옮겨보는 활동이다. 익숙해지면 그다음으로 콩알 크기의 구체물을 손으로 옮겨보고 점차 세 손가락으로 옮겨보는 활동을 경험하게 한다.

5~7세 유아기에는 먼저 집게 사용을 충분히 연습하면서 소근육의 힘을 키워줘야 한다. 그러고 나서 젓가락으로 구체물 옮기기를 연습하고, 젓가락의 올바른 사용법을 익힐 수 있게 젓가락 잡는 방법을 보여줘야 한다. 세 손가락을 조절해 사용하는 동안 소근육 발달은 물론이고 독립심, 협응력, 집중력, 질서감을 기르게 되고, 쓰기를 위한 간접적 준비가 되기 때문에 경험의 기회를 충분히 줘야 한다.

그 외에도 아이가 일상생활 속에서 스포이트 사용하기, 빨래집게 사용하기, 구슬 끼우기 등을 스스로 경험할 수 있게 준비해주는 환경이 도움된다. 아이 스스로 외투를 입고 정리하거나 단추를 채우는 일, 신발 끈을 매는 일, 양치질하기 등도 소근육 발달의 좋은 기회를 준다. 이때는 시간이 걸리더라도 부모가 아이를 기다려줘야 한다.

이런 경험은 아이들의 소근육 발달뿐만 아니라 부모와 자녀 간의 유대감과 신뢰도 쌓인다. 예금통장에 쌓이는 예금처럼 아이들 마음에 속에도 부모로부터의 인정과 존중받은 마음들이 차곡차곡 쌓이게 된다.

최근 인터넷과 매체의 발달과 대중화로 나타나는 부작용이 있다. 바로 대근육과 소근육 발달의 퇴보다. 장시간 의자에 앉아서 마우스와 키보드 조작을 하면서 신체발달이 단순해지기 시작했다. 작업수준이 높고 동작이 다양한 '집안일'을 가족구성원이 역할을 분담해보면 어떨까? 설거지, 청소, 요리, 세탁 등 동작이 다양한 집안일은 촉각과 시각, 근육의 감각을 사용하기에 뇌 발달과 신체발달에 효과적이다. 설거지를 할 때도 음악을 듣거나 TV를 보면서 하는 것보다는 설거지 자체에 집중해서 하는 것이다. 세제로 거품 내는 것에 집중하고 손가락으로 식기의 매끄러움을 확인하면서 꼼꼼하게 하는 것을 보여주고 아이들에게도 기회를 제공해주는 것이다.

우리 아이들이 어렸을 때, 청소기를 돌리고 있는 아빠에게 큰아이가 질문했다.

"아빠, 다른 집에서는 엄마가 하는데 우리는 왜 아빠가 청소해요?"

이때가 교육할 때라고 여긴 남편이 대답했다.

"집안일은 엄마의 몫이 아니다. 우리 집은 우리 가족들이 함께 꾸려가는 것이란다. 내가 하지 않은 일은 다른 누군가의 몫이기에 내가 할 수 있는 일을 찾아서 해야 하는 거야."

그 날 이후 우리 가정에서는 큰 변화가 일어났다. 남편도 아이들도 각자 자신들이 할 수 있는 일을 찾아서 함께 살아가는 공간을 아름답게 변화시켰다. 이 무렵 여성부에서 일하는 여성들에 대한 글쓰기 공모전이 있었다. 남편은 '내 몫 찾기'라는 글로 당선되어 상금으로 선물을 사왔다.

일상생활에서 집안일을 자연스럽게 연습했던 아이들은 성인이 된 지금 자신이 살아가는 공간에서 독립적으로 빨래하고 집안을 정리하며 지낸다. 또한, 인스턴트식품이 난무하는 시대지만, 스스로 건강식을 만들어서 먹으며 살아가는 삶을 살아간다.

몬테소리교육의 목적은 '미래의 삶을 위한 준비'다. 그 내용 중에 '일상생활' 영역이 있다. 일상생활에서 실제 사용하는 실물과 자연물을 경험하는 것은, 유아들이 자신이 사는 세계를 이해하고 일상생활을 조화롭게 하기 위한 준비를 도와주는 것이다. 가정에서 머무르는 시간 동안 가족들과 행복하고 아름답게 시간을 사용하는 방법이 되는 동시에 교육적인 효과가 큰 활동이다.

여기에 더해 아이들의 발달을 알고 미술을 사랑하는 전문가로서의 선생님을 만나서 다양한 재료들을 경험하는 것을 권한다. 크레파스, 색연필, 물감 등을 사용하며 그려지는 선과 면들은 굵기와 색감이 손에 힘을 주는 강도로 다르게 표현되고, 이 경험들은 소근육 발달에 중요한 활동이 된다.

내가 핸즈플레이 미술수업을 진행하면서 자주 사용하는 재료는 '컬러클레이'다. 클레이는 컬러믹스의 단점을 보완해 나온 점토로 손에 잘 묻어나지 않고, 탄력성이 좋으며, 자연적으로 굳는다. 따로 열처리할 필요 없는 수용성 합성수지에 무독성 재료로 만들어져 누구나 쉽게 만들 수 있는 공예재료다.

클레이의 장점은 아래와 같다.

1. 소근육 발달에 도움되며 손과 눈의 협응력을 키울 수 있다.

2. 창의력 발달과 집중력 향상에 도움된다.

3. 한 작품을 완성함에 따라 자신감과 성취감을 가질 수 있다.

4. 색의 혼합으로 심미감과 미적 감각을 발달시켜준다.

5. 도형감, 덩어리감 등으로 근육감을 키우며 시각적으로 크기의 변화를 느낀다.

6. 수학의 개념을 이해하는 구체물로 사용할 수 있다.

7. 동화, 그림책 사후활동으로 언어적 자극을 줄 수 있다.

8. 요리나 소품을 만들며 역할 영역으로도 접목할 수 있다.

9. 실생활의 소품으로 활용이 가능한 결과물을 만들 수 있다.

10. 자연물과 융합해 만들어내면서 각각의 장점을 취할 수 있다.

이런 이유에서 실내수업시간에는 자주 사용하는 소근육 활동의 재료다. 여기에 돌멩이나 나뭇가지 등의 자연물을 더해 결과물을 만들어내면, 인공적인 컬러클레이가 자연과 어우러져 한결 편안하고 정서적인 안정감을 줄 수 있다.

02
흙과 자연물이 있는 자연

자연의 재료인 식물, 흙, 돌을 만지며 오감 체험하는 일은 참 행복하고 즐거운 일이다. 나는 흙을 만지고, 향기 맡으며, 마음의 안정을 찾는 일이 매우 즐겁다. 그래서 마당이 없는 아파트 생활을 하고 있지만, 거실과 방 안, 베란다에 화분들을 가득 채우고 흙 내음을 맡고 식물들을 돌보며 지낸다. 특히, 비가 오면 샤워한 듯 깨끗해지는 식물들의 이파리들이 매우 사랑스럽다. 그리고 비 온 뒤 흙에서 올라오는 흙 내음이 매우 상큼하고 기분이 좋아서 가까운 오름과 숲을 자주 간다.

 작은 것들을 사랑하고 예뻐하는 마음으로 들꽃을 좋아하고 이름을 불러준다. 흙이 있는 곳이면 행복한 마음이 가득하다. 유아교육 기관에 근무할 때는 누가 시키지 않아도 텃밭을 가꾸는 일에 마음을 다했다. 대부분의 사람들이 아무렇지 않게 '잡초'라고 부르는 풀들을 개별적으로 존중해주고 풀꽃을 찾아 이름 불러줬다. 왜냐하면, 사람들의 관점에서 '좋다, 나쁘다'를 판단한다는 생각 때문이다. 잡초라고 불리는 풀들은 흙의 오염을 흡수하지만, 사람들은 농사에 방해된다며 제초제를 뿌려서 없애버린다. 분명히 잡초의 존재 이유는 있는데 말이다.
 이런 내 생각은 《야생초 편지》라는 책을 접하면서 깊이를 더했다. 책의 첫 페이지를 넘기면서 신선한 충격을 받게 됐고 내 생각과 삶에 변화를 가져왔다. 특히, 황대권 저자의 생각 중 '사람들이 미처 이름을 붙이지 못한 식물이 35만 종이고, 이 식물 중에 인간들이 재배해서 먹고 있는 것은 약 3천 종이라고 한다면, 대략 34만 7천 종의 식물들은 전부 잡초라고 없애버린다. 그래서 잡초라는 말을 안 쓴다. 대신에 야초(野草)라는 말을 쓰고 있다. 잡초는 그 가치가 아직 우리에게 알려지지 않은 풀이다'라는 말에 동의하고 내 삶에서도 실천하려고 노력했다.

《야생초 편지》덕분에 가까이에서 볼 수 있는 풀들에 대한 인식이 바뀌었다. 그러면서 아름다운 들꽃들을 알게 되고, 약초처럼 먹는 방법에 관심을 갖게 됐다. 그래서 흙과 풀들이 있는 오름이나 숲에 가서 아름다운 자연을 가까이하게 됐다. 그로써 더욱 정서적 안정감을 맛보며 행복감을 느끼게 하는 호르몬 '세로토닌'을 많이 분비하는 자연 속으로 찾아가는 기회를 자주 얻게 됐다. 들꽃의 이름을 불러주고 작은 것들을 아끼는 마음들이 생겨났다.

그 시기 아이들에게도 좋은 것을 제공하고 싶은 마음이 가득해서 멀리 갈 수 없을 때는 텃밭의 흙을 만지며 손으로 주무르게 하는 기회를 만들었다. 손으로 주무르다 보면 자연스럽게 신체의 모든 감각이 자극을 받게 되고, 소근육과 두뇌가 발달하게 된다. 그뿐만 아니라 흙은 촉촉하고 말랑말랑해 주무르는 대로 모양이 만져진다. 이 활동으로 아이들은 느끼는 감정을 표현할 수 있다. 정서적으로 눌려 있는 감정을 마음껏 표현할 기회는 마음의 안정감과 즐거움을 준다.

우리의 어린 시절이 그랬듯이 지금의 아이들이 자연 속에서 신나게 놀고 사계절의 변화를 느끼며 아이다움을 되찾는 일을 경험했으면 한다. 특히, 제주의 곶자왈이 주는 좋은 자연의 선물을 아이들이 가질 수 있으면 좋겠다. 오감으로 자연을 느끼고 몸과 마음으로 직접 자연을 체험하는 일은 소근육의 발달은 물론 따뜻한 마음을 가지고 건강한 모습을 되찾을 수 있는 일이다.

그래서 우리 집 아이들과도 주말이면 계절과 관계없이 자주 자연을 접하는 기회를 만들었다. 특히, 남편이 아이들 눈높이에서 놀이를 함께하면서 오름과 숲길에서 자연이 주는 좋은 것들을 누리면서 육아를 즐겼다. 성경 창세기 2:7에는 '하나님이 흙으로 사람을 지으시고, 그 코에 생기를 불어넣으시니'라고 쓰여있다. 사람과 흙은 본바탕이 같다는 마음으로 흙을 밟고, 흙에서 자라는 꽃과 열매로 생명을 느끼며, 생명의 발아 현상으로 기다림과 정직함을 배웠다.

시골에서 나고 자라나서 자연이 주는 아름다움과 따뜻함, 그리고 경이로움까지 몸으로 체험한 남편 덕분에 우리 가족은 자연을 가까이 접했다. 특히, 맞벌이 부부로 지낼 때는 아이들과 짧은 시간이지만, 자연과 함께 알차게 보냈다. 정서적이나 신체적으로 우리 아이들은 안정적으로 잘 자랄 수 있었고, 아빠와 자연놀이를 하면서 사회성도 잘 발달하고 건강도 지킬 수 있었다.

나는 유아교육현장에서도 만나는 아이들에게 흙과 자연의 소중함을 충분히 나눴고, '꽃과 나무를 사랑하는 마음이 따뜻한 아이들'이라는 목표로 운영했다.

미술수업 중에도 여러 차례 계획해 흙과 자연물이 가득했던 숲길을 다녀왔다. 특히, 기억에 남는 머체왓 소롱콧 숲길은 두 시간 반 정도 걸리는 길이다. 시작하는 길은 돌멩이도 있고, 길이 고르지 않아서 울퉁불퉁하고, 때로는 찌르는 나뭇가지와 걸음을 방해하는 돌부리가 곳곳에 존재했다. 다소 낯설고 불편했지만, 오히려 아이들에게는 모험심과 즐거움을 가득 줬다.

흙과 자연물이 가득한 숲으로 마음이 평온해지고, 직접 오감으로 체험하면서 자연과 아이들은 하나가 된다. 스스로 생각할 수 있는 지혜로운 아이들은 흙에서 생명이 시작되는 것을 아는 것이다. 생명을 품고 있는 흙은 언제든지 심은 대로 싹이 나게 하고, 자라게 하고, 열매를 맺는 것으로 정직함도 배울 수 있다. 말로 설명해주는 것보다 흙과 자연물이 있는 자연에서 놀이하는 동안 아이들은 스스로 깨닫고 느끼게 된다.

그러다가 나뭇잎과 작은 나뭇가지로 푹신푹신한 편백 숲길로 걸어 들어가서는 온 몸을 피톤치드로 샤워했다. 코를 킁킁거리며 행복한 심호흡을 하면서 즐겁게 걸었다. 피톤치드라는 말이 그리스어고, 피톤(Phyton)이 식물 (Plant)이며, 치드(Cide)는 살균(Killer)이라는 것을 알려주

면서 식물이 분비하는 살균물질이 사람들에게 건강함을 준다고 이야기하며 걸었다. 숲은 복잡한 마음을 달래주고 스트레스를 없애준다. 그래서 정서적인 안정감을 찾는 데 큰 도움이 된다.

03
재미있게 기억력을 향상시키자

며칠 전 냉장고 문을 열고 깜짝 놀랐다. "내가 무엇을 꺼내려고 했지?" 이 생각이 나지 않아서 한참 머뭇거렸기 때문이다.

나는 기억력이 좋은 편이다. 학창 시절에는 암기과목 성적이 좋았고, 친구들의 전화번호뿐만 아니라 자동차번호판까지 한 번 보면 거의 암기했다. 지금은 스마트 폰을 사용하면서 전화번호를 누를 필요 없이 "시리야, OOO 전화해줘!" 하면, 전화가 상대에게 걸리기 때문에 외우려고 하지 않는다. 나이가 들어서 기억력이 저하되기도 했지만, 사용하지 않는 능력은 감소한다는 것을 새삼 느끼게 됐다.

그러나 아이들의 기억력은 놀랍다. 아이들의 학습을 도와주는 능력 중 하나인 '기억력'은 운동으로 몸을 단련하는 것처럼 훈련으로도 기억력 강화가 된다. '즐거운 놀이'를 하면 아이들의 기억력을 강화되어 기억 근육을 만들 수 있다. 아이들이 돌 이전에 많이 했던 '까꿍 놀이'처럼 말이다.

우리 아이들이 어렸을 때 함께 했던 놀이 중 하나는 '기억력 게임'이다. 먼저 아이들에게 익숙하고 친근한 몇 개의 그림을 그려준다. 그다음 "지금부터 10초 동안 최대한 많이 기억하는 거야"라고 말하면서 시간이 되면 첫 번째 그림은 치운다. 이어서 새로운 그림을 보여주며 "자, 이제부터 없어진 물건을 찾아보는 거야"라고 한 뒤, 아이에게 없어진 그림을 말해보게 하는 것이 '기억력 게임'이다. 아이들의 나이에 따라서 난이도를 달리할 수 있는 게임이라서 여럿이 함께 즐길 수 있다.

또 하나의 '기억력 게임'은 '양말 짝 찾기 게임'이었다. 지혜로웠던 할머니와 함께 방과 후 시간을 보냈던 세 명의 아들들은 매일 세탁은 하지만 양말의 개수는 늘 늘어났다. 내가 퇴근하기 전까지 아이들과 놀아주던 친정엄마가 아이들과 양말 짝 찾기를 하면서 양말을 개어놓으셨다.

기억력 발달을 위해서는 '주의력'과 '집중력'이 좋아야 한다. 우리의 시각과 청각으로 정보가 들어올 때, 이 정보들이 기억에 남으려면 주의력과 집중력이 개선되어야 한다. 훈련으로 개선시킬 수 있다. 잠을 푹 잘 자는 것이 제일 좋다. 10시 이전에 잠들어야 두뇌발달과 키가 크는 성장호르몬의 분비가 원활해 건강과 주의집중력 향상에 큰 도움이 된다. 잠을 자는 동안 뇌가 뉴런의 연결을 강화한다. 그래서 '충분한 잠'은 기억력에 큰 도움을 준다.

우리의 뇌는 우리가 '무엇을 먹는지', '무엇을 쓰는지', '어떻게 훈련하는지'에 따라 끊임없이 변한다. 우리의 뇌는 신체의 다른 부분과 동일하게 섭취하는 음식에서 영양분을 흡수한다. 그래서 아이들의 기억력과 뇌 기능에 도움을 주는 음식들이 중요하다. 특히, 아침식사에서 탄수화물과 단백질, 건강에 좋은 지방을 꾸준히 섭취하면, 종일 활력이 유지된다. 그래서 아이들에게 아침밥을 매우 중요하게 강조하며 매일 정성껏 챙겼다. 두뇌발달에 도움이 되는 오메가-3 지방산이 들어있는 기름기 많은 생선 중 고등어, 갈치구이를 했다.
물론 함께 출근하던 동료가 옷에서 냄새난다고 눈치를 주긴 했지만, 엄마의 기쁨이었다.

단백질이 풍부한 달걀도 기억력 발달에 도움되는 콜린이 포함되어 있다. 그래서 달걀 요리를 다양하게 시도해 아침밥을 준비했다. 단백질이 많이 들어있는 딱새우찜과 닭고기 요리 등 대부분의 자연식품으로 식단을 준비했다. 집중력을 위해서는 '비타민 섭취'와 채소나 과일을 탄수화물보다는 더 많이 섭취하는 것이 좋다. 잠들기 전에 따뜻한 물로 샤워하고 잠드는 것도 도움이 된다.

성장기인 아이들에게 '우리가 무엇을 먹는지, 무엇을 어떻게 훈련하는지'에 따라서 뇌의 근육이 형성되고 끊임없이 발달한다는 것을 강조하며, 아이들에게 먹는 음식과 충분한 잠이 중요하다는 이야기를 나눴다.

단체로 찾아오는 미술수업에서도 아이들의 기억력을 높이고 발달시키는 '기억하기 시범'으로 활동을 전개한다. '핸즈플레이' 노래를 부르면서 주의집중을 돕는다. 그리고 클레이 기본과정 수업에서, 먼저 기본모양을 가르쳐준다. 기본모양 가운데 공 모양을 만드는 과정을 보여주고, 순서대로 물방울 모양, 줄 모양을 활용해 주제에 따른 만들기를 한다. 아이들의 나이와 발달 차이에 따라서 유연하게 시범의 난이도를 조정하는데, 보통 6~7세 아이들에게는 만드는 과정을 처음부터 끝까지 보여주고 기억해서 만들도록 수업시간을 운영했다.

예를 들어서 '겨울의 꽃 동백'을 만들 때 순서는 다음과 같다.

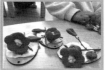

수업시간에 소개해주는 시범을 보고, 7세 아이들이 기억해서 각자의 손끝에서 나오는 개성대로 만들어낸 결과물이다. 아이들의 잠재력을 끌어주기 위해 중요한 것은, 아이들을 믿는 것이다. 충분히 혼자서 해낼 수 있기에 다 만들 때까지 기다려주는 것이 아이들에게 도움이 된다.

또, 아이들을 마음껏 뛰어놀게 하는 것이 '집중력'과 '기억력'을 높이는 데 큰 도움이 된다. 땀 흘릴 만큼의 신체활동이 뇌에 좋은 영향을 줘 집중력과 주의력을 향상시킨다. 실컷 놀고 나면, 정적으로 앉아서 책을 읽는다. 스마트폰의 정보보다 책으로 얻어지는 정보가 훨씬 기억에 남는다. 가끔은 큰 소리 내서 책 읽는 방법이 기억력을 높이는 데 도움이 된다.

기분 좋고 능률적인 월요일을 맞이하려면, 주말 동안 건강한 쉼을 가져야 한다. 현재 넘쳐나는 정보와 빠른 미디어콘텐츠들은 생각할 시간을 주지 않는다. 우리 아이들이 천천히 숨을 쉬고 볼 수 있도록 아무것도 하지 않고 여유를 갖는 시간이 필요하다. 이 또한 기억력을 발달시키는 데 도움이 된다.

아이들의 기억력을 훈련시키는 프로그램과 방법이 많이 있다. 나는 그중 부모와 함께하는 재미있는 게임과 미술놀이를 적극적으로 권한다. 아이들은 놀면서 배우기 때문이다. 거기에 더해 아이들의 성장기에는 엄마의 정성으로 준비하는 아침밥이 뇌 건강을 책임지며, 아빠의 신체활동을 통한 즐거움이 기억력 발달과 아이들의 성장에 큰 도움이 된다는 것을 기억하길 바란다.

04
그림책과 함께하는 미술놀이

나는 그림책을 좋아한다. 어른이 되어서도 그림이 가득한 그림책들이 참 좋다. 특히 《언제까지나 너를 사랑해》는 마음을 따뜻하게 울려주는 감동이 있어서 아이들이 어렸을 때 많이 들려줬던 책이다.

이번 설 연휴에는 '리사 아이사토'의 《삶의 모든 색》이라는 그림책을 남편에게 선물했다. 그리고 온 가족이 함께 모여 담소를 나누던 자리에서 남편에게 읽어주기를 청했다. 남편은 굵고 나지막한 목소리로 꽤 두꺼운 그림책을 끝까지 읽어줬다.

유년부터 노년에 이르기까지 때마다 맞닥뜨리는 사랑, 슬픔, 기쁨, 두려움, 희망의 순간들이 저자인 리사 아이사토의 스타일로 묘사된

글과 그림에 우리 가족은 모두가 깊은 감동의 시간을 가질 수 있었다. 같은 그림책을 읽었지만, 각자의 경험과 지적, 정서적 상황에 따라 다른 느낌과 감동으로 다가왔다.

부모인 우리는 가정을 형성해서 아이들을 키우고, 이제는 독립을 시켜나가는 단계에서 느껴지는 감정, 이제 두 부부가 아름답게 나이 들어가는 것을 준비하는 마음을 나누는 시간이 됐다. 아이들은 각자의 위치와 다른 환경에서 오는 감동과 설렘으로 뜨거운 눈물을 흘렸다. 가족 모두가 따뜻한 마음을 나눌 수 있는 시간이었다.

그림책은 어느 자리에서도 환영받을 수 있고, 어떤 자리에서도 그림책이 그 공간의 중심이 될 수 있다. 그림책이 사랑받는 이유는 '그림'이 주는 아름다움과 언어의 제약을 받지 않고 메시지를 전달해주기 때문이다.

'생텍쥐페리'의 《어린 왕자》는 무척이나 아끼고 좋아하는 동화책이다. 처음 접했던 초등학교 시절에는 이해가 잘 안 되고 어려운 이야기로 기억에 남았다. 그 이후 성장한 뒤 '이런 대사도 있었구나' 하며

《어린 왕자》를 새로운 시선으로 다시 읽게 됐다. 아이들을 키우며 엄마가 되어서 읽었더니 세월의 깊이만큼이나 《어린 왕자》가 주는 감동은 마음을 울렸다.

그래서 교육현장에서 7세 아이들에게 책으로 이야기를 들려주고 "소중한 건 보이지 않아. 마음으로 볼 수 있는 것"이라고 노래로 가르쳐줬다. 즐겁게 노래 부르는 아이들의 모습에서 전해지는 감동이 가슴 설레게 좋았다. 그 무렵에 갔었던 프랑스여행에서도 원어로 된 《어린 왕자》 팝업 북을 사 올 정도로 《어린 왕자》 이야기는 내게 진한 감동을 줬다.

그림책이 주는 여러 가지 좋은 점들은 매력적이다. 그래서 미술수업시간에 주제에 대한 설명이나 동기부여를 위해 그림책 수업으로 자주 진행했다. 특히, 2017년부터 현재까지 서귀포육아종합지원센터에서 '부모와 자녀체험'으로 '핸즈플레이' 프로그램을 지속해서 진행하고 있다. 매회기마다 대부분 처음 참여하는 부모와 자녀들이라서 그림책은 주의집중과 동기부여가 잘되는 매력적인 매체다.

그중 제주도의 꼬리 따기 노래로 만들었던 그림책인 《시리동동 거미동동》은 시 그림책이라서 글은 적지만 제주도에 관한 많은 이야기를 담고 있고, 해녀의 일상을 그려지면서 나오는 아이의 외로움과 슬픔, 엄마의 고된 삶을 읽을 수 있는 그림책이다.

　수업을 전개할 때는 꼬리 따기 노래를 부르고, 마지막에는 바다보다 더 깊은 것은 '엄마의 마음'이라고 하면서 아이들에게 엄마와의 행복한 기억을 떠올려보도록 했다. 그런 뒤, 클레이와 물감을 이용한 '제주해녀 만들기' 수업을 진행했다.

　그림책 수업을 시작하기 전에 책표지의 그림을 살펴보면서 질문한다.

　"그림에 누가 있을까?"

　"까마귀와 토끼 사이에 앉아있는 아이의 기분은 어떨까?"

　"아이가 무슨 생각을 하고 있을까?"

　이런 이야기를 나누며 흥미와 관심을 갖게 한다. 그리고 책 제목을 읽어준다. 나이에 따라 "시리동동 거미동동은 무슨 뜻일까?"라고 다르게 질문한다.

　그리고 책 읽는 과정에 질문하며 생각하는 힘을 키워준다.

　"아이는 어디에 가려고 신발을 신고 있을까?"

　"토끼와 어깨동무를 하고 걸어가는 아이는 어떤 기분일까?"

　"엄마를 기다려본 적이 있니? 그때 기분은 어땠어?"

　아이가 질문을 받고 생각할 기회를 충분히 제공해주고 만들기를 한다. 그리고 나서 아이들의 생각과 느낌을 정리해주면 훨씬 효과적인 교육이 된다.

아빠 가시고기와   아기돼지 삼 형제   늑대 이야기   헨젤과 그레텔
아기 사랑

아이들이 좋아하는 그림책과 함께하는 미술놀이는 훨씬 집중을 잘할 수 있고 상상력을 자극해 흥미롭고 즐거운 시간으로 보낼 수 있다. 그중 글자 없는 그림책은 이야기가 샘솟는다. 상상력과 창의력뿐만 아니라 이야기를 끌어낼 수 있다. 그림을 보는 힘인 관찰력과 집중력이 생겨날 수 있기에 아이들과 '말풍선 놀이'를 하면 재미에 더해 생각하는 힘도 길러준다.

그림을 보면서 질문한다.

"지금 뭐 하고 있는 걸까?"

"어떤 생각을 하고 있을까?"

이런 질문과 함께 아이들과 그림책 읽기는 나에게도 아이들이 주는 엉뚱함과 또 다른 발견의 기쁨을 줬다.

주제와 나이에 따라서 그림책이 매우 다양하게 있지만, 부모 자신이 좋아하는 주제와 흥미로운 내용의 책을 선정하는 것이 효과적인 그림책과 함께하는 미술놀이가 이뤄질 수 있다.

《나무를 그리는 사람》은 저자 '프레데릭 망소'가 친구인 영화감독 뤼크 자케의 영화 <원스 어폰 어 포레스트>를 보고 만든 그림책이다. 프레데릭 망소는 종이가 아닌 천에 그림을 그리는 유명한 화가다. 직접 글을 쓰고 그림을 그린 첫 번째 그림책으로 화려한 원색의 숲을 영화의 한 장면처럼 실감 나게 표현했고, '자연보호'라는 거창한 주제를 아이의 눈높이에서 환상적이고 아름답게 그려냈다.

책의 주인공인 프랑시스 아저씨는 매일 아침 연필과 지우개, 도화지를 꺼내 들고 숲을 누비며 그림을 그린다. 옆으로 누운 마호가니, 종려나무에 얹혀사는 붉은 무화과나무. 나무뿌리, 나무줄기, 나무껍질, 나무 이끼, 나뭇가지, 나뭇잎 등 무엇 하나 빠뜨리지 않고 그린다. 그러던 어느 날, 불도저의 굉음이 숲의 고요함을 깨뜨리며 숲을 온통 까맣게 태워버린다. 그래도 다행히 모아비나무가 숲을 지켜 준다. 끊임없이 생명력을 불어넣어 숲을 살려낸 것이다. 아저씨는 나뭇가지에 걸터앉아 빈 도화지에 모아비나무와 다시 살아난 숲을 그릴 수 있다. 그런 아저씨의 모습은 마치 '하늘과 땅 사이에 있는 푸른 거인의 손에 앉아있는 것 같다'라는 이야기의 그림책을 들려주고, 가장 마음에 드는 '장면 그리기' 활동을 했다.

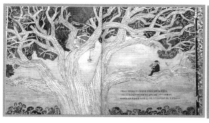 

이처럼 그림책과 함께하는 미술놀이는 아이들에게 만족스러운 결과물을 만들게 한다. 그뿐만 아니라 표현하는 힘을 키워주고, 상상하는 힘을 키워준다. 자기 생각과 느낌을 미술 매체로 표현하고, 책 내용에서 새롭게 알게 된 것으로 자신만의 상상력을 갖게 된다. 창의적인 사고력을 자극하고 정서적인 만족감과 지적 성장을 돕는다.

어려서부터 자연스럽게 책을 접하는 경험으로 책을 친숙하게 느끼고 재미있다는 것을 알게 된다. 책 읽는 것에 흥미가 생기면, 책 읽기가 습관이 되고, 스스로 책 읽는 기쁨을 알며, 필요한 지식과 정보를 얻는 데 도움이 된다.

05
화가들의 그림을 보고 느껴보자

　제주는 지역 특성상 다양한 전시를 쉽게 찾아가기는 어려운 것이 현실이다. 유명한 전시를 보려면 제주 밖으로 나가야 하는 어려움이 있다. 그러던 중 2019년에 프랑스 아틀리에의 글로벌 미디어아트인 <빛의 채석장>이 제주에서 <빛의 벙커>로 탄생한다는 소식이 있었다.

　프랑스에서 전시한 몰입형 미디어아트인 '아미엑스(AMIEX: ART&MUSIC IMMERSIVE EXPERIENCE)'를 그대로 가져다 재현한다고 했다. 성산에 설치 예정이었던 벙커는 KT가 1990년 국가 기간 통신망을 운용하기 위해 설치했던 시설이다. 한국과 일본, 한반도와 제주 사이에 설치된 해저 광케이블을 관리하던 곳이었지만, 현재는 사용되지 않는 지하 공간이다.

이 소식을 접하고는 설렘이 가득했다. 왜냐하면, 남편의 첫 직장 발령지였고, 우리의 신혼 시절의 사택도 성산이었기 때문이다. 7여 년을 매일 성산으로 출근했던 남편의 감회도 새로웠지만, 아이들도 아빠의 일터에 가끔 테니스를 치고 고기를 구워 먹었던 추억의 장소였기에 우리 가족에게는 더욱 특별한 장소였다.

그러한 장소에 <빛의 벙커>로 첫 전시의 문을 열자마자 찾아갔을 때, 흥분과 감격은 대단했다. 추억의 장소였던 기억에 더해 19세기 후반 빈을 휩쓴 오스트리아 회화의 거장 구스타프 클림트, 에곤 실레, 훈데르트바서의 유명한 작품들이 1,100여 개의 비디오 프로젝터에서 쏟아져 나오고, 벽과 바닥 전체를 투사하는 영상과 스피커에서 퍼져 나오는 웅장한 음악까지 어우러지면서 작품 속으로 빨려드는 듯한 느낌을 주는 전시회였다.

처음 감상해보는 전시형태에 깜짝 놀랐다. 문을 열고 들어가자마자 캄캄한 어둠 속에 커다란 그림 속으로 빨려 들어가는 신비로운 느낌이었다. 벽과 바닥에 그림이 가득 채워진 공간에서 커다란 음악 소리가 마음을 움직이게 하는 즐거움이 있었다. 음악과 미술의 완벽한 조화였다.

두 번째 전시는 모네, 르누아르, 샤갈, 이어서 세 번째 전시는 빈센트 반 고흐, 폴 고갱의 작품이 전시됐다. 화가마다 화풍과 색감이 주는 다양함과 독특함이 같은 장소를 방문했지만 다른 느낌을 줬다. 순수미술을 감상할 때 자칫 지루하고 재미없을 수도 있는데, 음악과 함께 미디어아트로 감상할 수 있어서 즐거운 시간이었다. 명화감상 이후 미술수업으로 이어지면, 화가의 역사적 배경과 화풍, 재료 등의 이야기가 더욱 재미있어진다.

그 무렵 제주도립미술관에서도 개관 10주년 기념전시회가 열렸다. 전시 주제는 1850년에서 1950년에 이르는 프렌치 모더니즘 미술의 대표인 모네, 르누아르, 세잔, 밀레, 샤갈, 마티스 다. 뉴욕 브루클린미술관이 소장한 작품 중 59점과 현대미술의 출발로 여겨지는 모더니즘의 전개과정을 살펴볼 수 있었던 전시였다. 뉴욕 브루클린미술관에서 투어 전시회를 아시아 최초 제주도립미술관에서 한다기에 놓칠세라 얼른 찾아갔다. 역사에 해박한 해설사 덕분에 미술사의 혁명기에 해당하는 작품을 재미있게 감상할 수 있었다. 연달아 세 번이나 같은 분에게 해설을 들으며 시대적 배경에 따라 화풍이 변화하고, 미술의 새로운 혁명이라고 할 만큼 대단한 발견들을 이해하게 됐다.

유명한 화가들의 작품을 감상하는 것은 아이들의 표현활동에 큰 도움이 된다. 좋은 그림을 그리려면 많이 봐야 한다. 나는 미술수업의 아이들에게 '화가 따라 하기' 수업을 진행하면서 명화그림을 자주 감상하게 했다. 그림으로 아름다움을 느껴보고, 작품에 담겨있는 미적 구성과 선, 색감, 명암 등의 형태와 재료의 다양성과 기법을 살펴보는 기회가 된다.

아이들과 쉽게 감상하는 방법은 전시회나 책을 통한 명화감상이다. 그림을 보면서 작품 감상을 할 때, 먼저 눈으로 보면서 그림을 바라보는 자기 느낌을 질문을 통해 이야기 나누고 나이와 발달 정도에 따라 적절한 질문과 화가에 대한 배경을 함께 나누면 그림에 대한 이해가 훨씬 쉽게 다가온다.

1. 독특한 방법으로 그림을 그린 화가 '쇠라' 따라 하기

점묘법으로 그림을 그린 쇠라는 독특한 그림법을 창시한 까닭에 신인상주의 화가라고 불린다는 이야기와 함께 '라 그랑자트 섬의 일요일 오후' 그림을 감상한 후, 면봉으로 점을 찍듯이 사과 그림으로 표현했다. 사진의 원리에서 힌트를 얻었다는 점묘법은 아이들의 집중력을 발달시켜주는 데 도움이 됐다.

2. '별이 빛나는 밤에'의 '고흐' 따라 하기

　유화물감과 아크릴물감으로 경험해보는 시간을 갖고, 느리게 그림을 그렸다. 바탕을 먼저 칠하면서 점차 색깔들을 덧칠하는 경험과 화가의 그림을 따라 하면서 아이들 스스로 뿌듯함을 느꼈던 시간이다.

3. 추상화의 선구자 '몬드리안' 따라 하기

　선과 색채로만 그림을 그리는 몬드리안은 흰색, 검정, 빨강, 파랑, 노랑의 기본색과 직선으로만 어떠한 물체도 그리지 않고 작품을 만들었다. 이런 그림 방법은 그 당시나 지금이나 신기하고 놀랍다.

4. 프랑스 화가 '클로드 모네' 따라 하기

모네는 평생 자연과 빛을 관찰하고 그림으로 표현했다. 다양한 색을 섞어서 같은 연두색도 탁하고 흐리게 표현한 것을 따라 했다. 이 작업 전에 스스로 색을 만들어보는 활동을 여러 번 경험한 아이들은 색깔을 섞어서 원하는 색을 금방 만들어냈다.

5. 색채 마술사라는 별명을 가진 '앙리 마티스' 따라 하기

'춤'이라는 작품이 강렬한 느낌을 주는 것은 보색이 가지는 성질 때문이라는 이야기로 시작해 10색 상환표를 만들고 색칠하기 작업으로 이어졌다.

6. 가위로 그림 그리기의 '앙리 마티스'

나이가 들어서 더 이상 그림 그리기가 어려워지자 침대에 누워서 가위로 그림 그리기 시작한 이야기를 그림책으로 읽고 따라 했다.

7. 행복을 그리는 화가 '에바 알머슨' 따라 하기

'활짝 핀 꽃'이라는 작품을 보면 덩달아 웃음이 지어진다. 색이 주는

따뜻함과 부드러운 선, 온화한 표정을 짓는 모습으로 행복이 가득해지는 시간이다.

세상의 많은 화가는 자신들의 눈으로 바라본 세상을 그림으로 남겼다. 각자의 개성과 특별한 느낌으로 남긴 그림들로 우리는 그림 안에 담겨있는 많은 이야기를 알 수 있다. 눈으로 감상하고, 직접 화가 따라하기 활동을 하면서 화가들의 특별한 기법을 알게 되고, 그림을 보는 눈이 커지면서 아름다운 것을 느낄 수 있다.

06
글자를 그림으로 배워보자

3년 전 예상치도 못한 세계적인 전염병의 발병으로 아직도 낯선 새 학기를 맞이하고 있다. 코로나19가 시작되던 2020년, 당황하며 3월의 새 학기를 맞이했는데 어느새 2022년이 됐다. 가방을 메고 초등학교에 등원하는 아이들의 뒷모습을 보면서 '그래도 다행이다'라는 마음과 '안쓰럽다'라는 마음이 교차한다.

그동안 아이들은 비대면으로 온라인 수업을 진행하면서 초등학교 저학년도 인터넷매체와 아주 밀접하게 됐다. 그리고 요즘 젊은 세대의 부모 중에 이제 막 돌이 지난 아이와 함께 부모가 서로 다른 스마트폰을 사용하는 모습을 바라보면서 매우 안타까웠다. 3~4세 아이들이 스스로 유튜브 영상을 찾아보는 일이 신기한 일이 아닌 시대가 됐다. 일찍 스마트폰이나 PC 같은 IT 기기 사용에 친숙해지고 사용 시간도 늘어나고 있다. 가끔 식당을 이용할 때 어린아이들과 함께하는 식사하는 부모들이 식탁 위에 핸드폰이나 인터넷매체를 올려놓는 모습을 보며 '함께 식사하려면 어떤 방법이 좋을까?' 하는 생각을 한다.

인간관계의 소통을 도울 놀이방법과 뇌 과학자들이 제안하는 최고의 조기교육은 바로 부모와 함께 보고 듣고 느낄 수 있는 환경이다. 부모의 노력과 헌신이 아이들을 행복하고 건강하게 성장시켜줄 수 있다.

너무 이른 나이에 글자를 익히는 것도 상상력을 펼칠 기회가 없어질 수 있다. 그림책을 보며 상상의 날개를 펼치기보다 글자에만 집중할 수 있다. 만 5세 이후가 더 빠르고 더 즐겁게 글을 배울 수 있다. '캘리그라피'를 활용하면 재미있고 글자 쓰기 활동이 된다.

한글은 선으로 이뤄졌다. 그래서 여러 가지 선을 먼저 경험해야 한다. 직선, 곡선의 기본선을 그어보는 연습을 한다. 그리고 힘을 주고 빼는 변화와 부드럽고 거칠

게 선을 그어보며 선의 변화를 느껴본다. 또 다른 변화의 방법으로 굵기, 길이, 크기, 속도, 질감, 색, 농담 등의 여러 가지 변화들을 직접 경험하고 느끼면 훨씬 즐거움을 느낄 수 있다.

이때 주변에서 쉽게 구할 수 있는 수세미, 스펀지 등을 나뭇가지에 고정해 직접 만든 다양한 붓과 포크, 면봉 등을 제공하면 더욱 즐거운 경험이 된다.

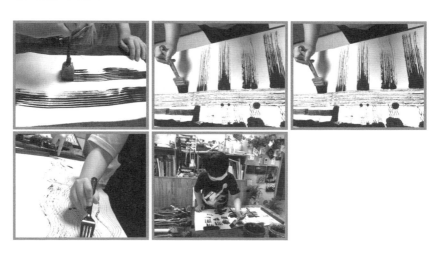

미술공방에 오는 아이들의 대부분이 남자아이들이다. 수업시간이 되기 전, 놀이터에서 신나게 뛰어놀다가 들어오는 아이들에게 먹물과 붓을 준비해 화선지에 선 긋기를 시작했다. 그랬더니 붓과 먹물로 그려내는 선 긋기 활동시간은 너무나 고요하게 집중하는 시간이었다.

한글은 글자의 원리를 익힐 때 가장 효율적으로 배울 수 있다. 자음과 모음 24자 하나하나의 낱글자가 모여 뜻을 지닌 낱말을 만들어낸다. 또, 그 낱말이 모여서 문장이 되는 단순

한 원리를 깨치면, 쉽게 한글을 익힐 수 있다. 자음을 빨간색으로 모음을 파란색으로 써보거나 자석글자놀이로 자음과 모음을 익히고 나서 초성, 중성, 종성을 바꿔가며 낱글자의 원리를 익히는 것이 좋다.

캘리그라피의 목표는 글자의 의미와 뜻에 맞게 아름답게 표현하는 것이다. '아름답게' 표현하는 것은 내가 느끼는 감정과 느낌을 글자에 담아서 표현하는 방법이다. 그중에 사물의 소리와 모양을 흉내내는 '의성어, 의태어'가 있다.

'흔들흔들'이라는 단어를 보고, 봄바람이 불어오는 곳에서 흔들의

자에 앉아 책을 읽는 모습을 떠올렸다면, 이렇게 '흔들흔들'을 표현할 수 있다.

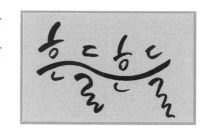

또 다른 느낌으로, 얼마 전 서귀포시에 지진이 났을 때를 떠올렸다면, '흔들흔들'이라는 단어를 이렇게 표현할 수 있다. 매우 불안했고 흔들거렸던 무서운 감정을 선의 굵기와 약간의 이모티콘으로 표현하는 방법이다.

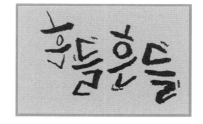

또 다른 방법은 자음, 모음을 그림으로 바꿔 보는 것이다. 별과 달이라는 단어의 자음만 바꿔줘도 의미가 잘 전달된다.

글자를 그림으로 배우면, 아이들의 감성과 창의력을 발달시켜줄 수 있다. 재미있게 놀이로 경험하면서 다양한 의성어, 의태어로 표현력을 익힐 수가 있다. 함께하는 부모와 아이들이 서로 생각과 느낌을 나누면서 표현하는 동안 스스로 생각하는 힘을 길러주고, 무엇보다도 먹물과 붓으로 사용하는 쓰기 활동으로 집중력에 큰 도움을 준다. 물론 재료를 다양하게 사용하면 창의력과 생각의 유연성도 길러질 것이다.

07
아름다움을 느낄 수 있게 도와주자

한 해가 마무리되는 겨울에는 꼭 찾아보는 일이 있다. 그건 글로벌 색채전문기업 '팬톤'에서 매년 선정하는 '올해의 컬러'를 찾아보는 일이다. 어려서부터 친정엄마가 옷을 만들어서 입혀주면서 "올해는 이런 색이 유행한다더라"라고 이야기하셨던 영향이다.

팬톤에서는 매년 사회, 문화, 예술 등의 다양한 현상과 트랜드를 분석해서 지금 우리에게 가장 필요한 색상을 선정한다. 2022년의 색은, "세상에 새로

운 비전을 제시하기 위해 만들었다"라고 하면서 기존의 색상이 아니라 처음으로 새로운 색을 만들어서 '베리페리(Very Peri 17-3938)' 색을 발표했다. 베리페리 색의 키워드는 용기 그리고 창의력이다.

색이 우리에게 주는 힐링 에너지가 참 좋다. 특히, 올해 2022년의 색 '베리페리'가 내가 좋아하는 보랏빛이라서 참 좋다. 우리는 꽃 피는 봄이 오면 밝은 기운의 색상으로 꾸미기도 하고 옷차림의 색깔도 밝아진다. 뜨거운 햇살이 내리쬐는 여름엔 파란색만 떠올려도 시원해진다. 가을 하면 주황과 갈색이 연상되고, 겨울에는 하얀색이 연상된다.

색깔마다 이미지가 있고, 그 색으로 여러 가지 에너지를 얻는다. 초록색이 가진 색의 기운은 마음을 평온하게 만들어 준다. 그래서 피곤하거나 쉬고 싶을 때는 초록을 가까이하는 것이 도움된다.

파란색은 안정감을 주는 색으로 차분함을 줄 수 있다. 빨간색은 에너지를 주는 색으로 외향적인 사람들이 좋아하는 색이다. 식탁보를 빨간색으로 깔아주면 편식하는 아이의 식욕을 돋게 하는 데 효과적이다.

반대로 다이어트 하는 사람에게는 파란색 식기류를 사용하면 도움이 된다. 이렇게 색채가 가진 에너지가 우리 삶의 많은 영역에서 큰 비중을 차지하고 있다.

사랑스러움과 부드러움 등의 이미지를 상징하는 핑크와 부정의 의미로 죽음, 없음, 공포를 상징하던 검은색을 코코샤넬이 패션에 접목하면서 세련됨, 우아함, 절제를 상징하게 됐다. 이 이야기에서 색깔이 나만의 개성을 표현할 수 있는 수단이 됐다는 것에 동의한다.

헤르만 헤세는 "하나의 그림에는 수많은 색채가 담겨있다. 하나의 색깔로만 칠해진 그림은 어디에도 없다. 수많은 색채가 어울려서 하나의 명작을 만들어낸다"라고 했다. 이렇듯 색은 없어서는 안 될 중요한 요소로 세상의 아름다움을 표현해주는 수단이다.

자연의 색을 관찰하고 감상하며 스스로 색을 만들어내는 과정은 기쁨과 힐링의 시간이다. 그래서 아이들과 미술수업을 진행할 때는 기본색만 가지고 한다. 클레이나 물감을 사용할 때 기본 3색인 빨강, 노랑, 파란색에 흰색과 검은색으로 여러 가지 색을 만들어낸다. 이 과정은 아이들이 색채감을 익히고 성취감과 만족감을 얻는 시간이다.

그래서 나는 아이들과 물감으로 기본색을 섞어서 색을 만들어보는 시간을 자주 가졌다. 그중에 아이들이 '내 기분과 느낌의 색'을 만들고 표현하는 활동이다.

기본색 중에 빨강과 노랑의 적절한 비율로 주황을 만들고, 노랑과 파랑의 적절한 비율로 초록이 되고, 빨강과 파랑의 1:1 비율은 보라가 된다는 것을 기초로 해서 미세한 차이를 보이는 색들을 만들어내면서 색 이름 짓기 놀이와 자연의 색 찾아보기 놀이로 확장해 활동한다.

할머니 감귤밭에서 할머니를 돕고 강아지와 놀았다.

숙제가 수학 연산문제와 영어 단어, 영어 수업, 오늘의 학습이 너무 많았다.

새소리가 짹짹 들려서 마음이 편안해졌다.

부반장이 되어서 너무 기뻤다.

과학탐구대회에서 은상 받은 일~!

내가 친구를 때려서 친구는 울고 있지만 나는 기분이 좋았다.

같은 반 친구가 너무 심하게 싸워서 난리가 났었다. (선생님 없을 때)

경상도의 연못에서 개구리를 잡았다가 힘이 너무 세서 놓쳤다.

아이들은 색 만들기 활동으로 색이 주는 아름다움과 신비로움을 경험하며 즐거운 시간을 만들었다. 색을 직접 만들어보는 활동은 마음의 평온함과 안정감을 준다.

자연의 색은 마음이 힘들거나 지칠 때 큰 위로가 된다. 숲의 초록과 바다의 여러 가지 물색, 꽃잎의 아름다운 색, 흙의 생명의 색, 구름의 귀여운 색을 직접 보고 체험하며 좋은 에너지를 얻고 아름다움을 느낀다. 자연이 보여주는 모든 것이 신비롭다.

아이들과 함께 불렀던 '햇볕'이라는 동요는 투명한 햇빛 속에 모든 색이 들어있다는 노랫말이다. 이처럼 자연의 색을 감상하며 세상의 아름다움을 느낄 수 있다.

자연 속에는 별의별 색이 존재하는데, 모든 색이 어울려 아름다움을 창조해낸다. 자연의 아름다운 색은 누구도 흉내 낼 수 없는 신비로움이 있다. 이 아름다움은 우리가 받은 큰 축복이자 선물이다.

시각적인 감상처럼 아름다움을 느끼는  또 다른 시간은 동요를 부르는 시간이다. 예술적 정서를 돕는 활동으로 노래를 부르며 노래의 주인공을 그려보거나 클레이로 만들어보면서 노래의 가사와 선율의 아름다움을 느껴보는 미술놀이 시간으로 아이들은 성장한다.

08
집중력을 키워주는 환경 만들기

환경은 우리의 삶을 둘러싼 모든 것이다. 실내와 실외의 물리적인 환경뿐만 아니라 인적·심리적 환경을 모두 포함한다. 더 나아가면 역사와 지역 등의 환경이 우리의 삶에 밀접하게 연결되어 영향을 미친다.

맹자를 예로 들어보겠다. 맹자의 어머니가 묘지 근처로 이사했다. 그런데 그때 어린 나이였던 맹자는 보고 듣는 것이 상여와 곡성이라늘 그 흉내만 냈다. 맹자의 어머니는 그 모습을 보고 자식 기를 곳이 못 된다고 생각해 곧 저자 근처로 집을 옮겼다. 그러자 맹자는 장사꾼 흉내를 냈다. 맹자의 어머니는 이곳도 자식 기를 곳이 아니라 생각하고, 다시 서당 근처에 집을 정했다. 그 뒤로 맹자가 늘 글 읽는 흉내를 냈고, 맹자의 어머니는 이곳이야말로 자식 기르기에 합당하다 여기고 드디어 안거했다는 유래의 '맹모삼천지교'라는 말이 있다.

맹자의 어머니가 자녀교육을 위해 세 번이나 이사했다는 가르침처럼 교육에는 주변 환경이 중요하다. 아이의 성장 과정을 이해하고, 행동과 발달에 대한 섬세한 관찰이 있어야 아이에게 도움되는 환경이 준비된다.

먼저 실내·외 물리적인 환경을 생각해보자. 아이들이 머무르는 공간은 단순하고 소박한 아름다움이 있는 심리적으로 안정된 분위기여야 한다. 흙과 식물이 있는 것만으로도 평화롭고 부드러운 분위기를 만들 수 있다. 초록색은 마음의 안정을 주는 색으로 자연을 떠올리게 해서 마음의 안정과 탁 트인 느낌을 준다. 방 안을 초록색을 사용하면 집중력에 도움이 된다.

식물과 아이들은 닮은 점이 많다. 내가 '식물 가꾸기로 아이들 양육하는 방법을 배웠다'라고 할 정도다. 식물은 관심을 쏟는 만큼 잘 자란다. 아이들도 관심과 사랑을 준 만큼 잘 성장한다. 식물은 너무 관심을 두고 물을 자주 주면 뿌리가 썩어버린다. 또 물이 모자라면 말라서 죽기도 한다. 햇빛이 좋다고 실내식물을 여름에 내다 놓으면 잎이 타 버리기도 한다. 바람과 비를 막아준다고, 창문을 열지 않거나 온실 속에 두면 잎들이 누렇게 변하며 생기가 없어진다.

아이마다 개성이 있고 다양한 것처럼 식물도 각자 알맞은 환경이 있다. 물을 좋아하는 식물인지, 햇빛을 좋아하는 식물인지, 바람을 좋아하는 식물인지 세심한 관찰과 관심이 필요하다. 우리의 아이들도 그렇다. 세심한 관찰과 관심으로 아이들이 원할 때 도움을 줄 수 있는 부모 역할이 필요하다.

나는 거실과 베란다에서 초록이 가득한 식물들을 키웠다. 잎의 모양이 다양한 식물들과 먹을 수 있는 상추와 토마토를 키우며 눈과 입이 즐거운 환경을 꾸몄다.

비록 아파트에 살지만, 자연의 색을 가까이 두고 싶었다. 계절에 맞는 꽃도 키우고 물을 주는 경험을  아이들이 할 수 있게 했다. 점차 아이들은 금붕어, 미꾸라지, 새우, 올챙이까지 키우게 되었다. 베란다 정원에서 올챙이는 개구리로 성장하기도 했다. 살아있는 생명과 함께하는 환경으로 아이들은 정서적으로 매우 안정적인 생활을 할 수 있었다.

아이들의 몰입해있는 모습은 언제나 사랑스럽고 귀엽다.

이때 어른들이 하기 쉬운 실수가 있다. 책을 읽거나 레고 조립을 하는 아이에게 "아유, 착하다"라고 하면서 껴안거나 말을 붙이는 행동이다. 이것은 아이의 집중을 떨어뜨린다.  아이들이 몰입하는 상황을 존중하고 말없이 바라봐야 한다. 그러다가 눈이 마주치면, 바로 그때 행동으로 '엄지 척!'하며 손을 들어 올려주기만 해도 아이들에게는 굉장히 힘이 된다.

아이들의 몰입을 존중해줘야 한다. 이것은 아이에게 어릴 때부터 훈련된다. 그리고 어른들의 대화에 "엄마!"하고 아이가 끼어들 때, 대화하고 있던 상대에게 "잠깐만요"라며 양해를 구한 뒤에 아이에게 "엄마가 이야기 중이야"라고 상황을 설명하는 일이 선행된다면, 아이가 대화 중간에 끼어드는 일은 감소할 것이다.

그리고 어른들과 대화 중일 때 내 아이가 할 만한 상황에 대비해서 엄마의 몸에 손을 대거나 하는 신호를 정해놓으면 좋다. 양해를 구하는 상황과 대화를 미리 아이와 의논해 정해놓으면, 아이들의 몰입과 집중력도 발달할 뿐만 아니라 예의도 배우게 된다.

집중은 어느 한 가지에 몰입해 깊이 빠져들어야 한다. 어려서 경험해야 할 내적 질서감이 형성되는 기회가 없어지면, 한 번에 한 가지만 주의를 기울여야 하는데 그러지 못한 경우가 생겨난다. 아이가 동시에 여러 가지의 일을 하는 것은 집중력을 키우는 데 좋지 않다. 밥을 먹으면서 TV를 보게 하거나 책을 읽으면서 음악을 듣거나 하는 일은 집중도를 떨어뜨린다.

그래서 집 안의 분위기와 부모의 태도가 배려되어야 아이들이 진정한 자유를 누릴 수 있다. 진정한 자유란 책임과 제한이 따르는 자유다. 이렇듯 물리적인 환경에 더해 인적·심리적인 환경도 아이들의 집중력을 키워주는 데 참 중요하다.

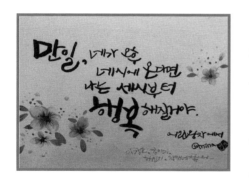

《어린 왕자》에 나오는 문구처럼 아이를 기다리는 일은 늘 행복한 일이다. 부모로서 임신소식을 들었을 때부터 열 달 동안 기다리는 행복이 있었고, 그 이후 탄생과 성장 과정에서 '기다림'은 늘 설렘과 행복을 준다.

아이들은 축복이고 선물이다. 부모로서 해줄 수 있는 것은 잘 지켜주고, 기다려주는 마음으로 사랑해준다면, 아이들은 '내가 사랑받고 있구나'라고 생각하게 된다. 이런 인적·심리적 환경이 아이들을 스스로 생각하는 지혜로운 아이로, 꿈꾸는 아이로 자라게 할 것이다. 이런 아이가 감성적인 인성을 품은 다음 세대의 리더로 온 세계를 평화로 이끌 주인공이 될 것이다.

인생을 바꾸는 감성교육의 힘

마음을 그리는 아이 마음을 읽는 부모

제1판 1쇄 2022년 5월 20일
제1판 2쇄 2022년 8월 25일

지은이 오민아
펴낸이 서정희 **펴낸곳** 매경출판㈜
기획제작 ㈜두드림미디어
책임편집 이수미 **디자인** 정재은
마케팅 김익겸, 한동우, 장하라

매경출판㈜
등 록 2003년 4월 24일(No. 2-3759)
주 소 (04557) 서울시 중구 충무로 2(필동 1가) 매일경제 별관 2층 매경출판㈜
홈페이지 www.mkbook.co.kr
전 화 02)333-3577
이메일 dodreamedia@naver.com(원고 투고 및 출판 관련 문의)
인쇄·제본 ㈜M-print 031)8071-0961

ISBN 979-11-6484-419-7 (03590)